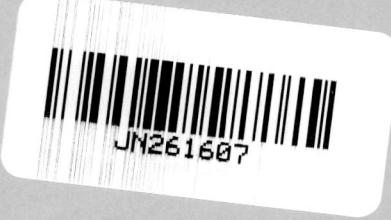

虫の顔

石井　誠［著］

八坂書房

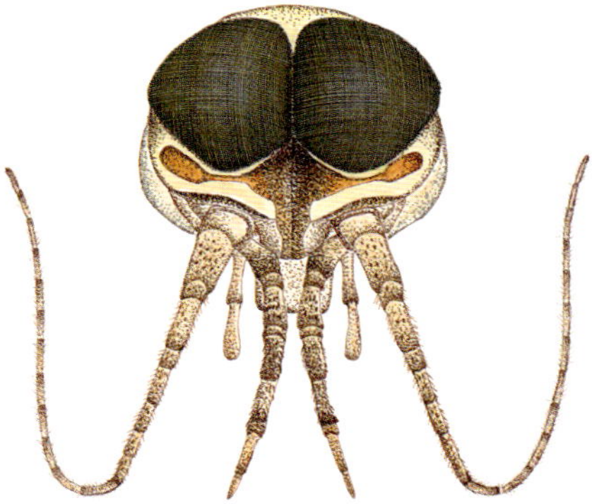

虫の顔　目　次

オニヤンマ　お人好しのオッチャン

川を上ったり下ったりするオニヤンマ♂

休憩中のオニヤンマ♂

産卵しているオニヤンマ♀

名前に「オニ」とありますが、この顔から「鬼」を連想するでしょうか。たしかに黒いヒゲ面《づら》と黄色マダラ模様は「鬼」っぽくもありますが、よく見ると愛嬌《あいきょう》があって、「お人好しのオッチャン」という感じです。オニヤンマは人懐《ひとなつ》こいところもあり、人の前をとおるときにあの大きな目玉でジロッとこちらをにらんだり、開け放された窓から風に乗って入ってきて、部屋をのんきに通過し、裏から出てゆくようなことを平気でやってのけます。

森林と川さえあれば都市でも生息できますが、幼虫（ヤゴ）が暮らす清流にはミジンコやボウフラなどのエサも少なく、成虫になるのに2年以上かかるといわれています。オスは川にそって約200mくらいを、上ったり下ったりしてメスを探しています。調べてみますと20～30頭ものオスが飛んでいることもあり、さすがにくたびれるようで、ときどき小枝などで休んでいます。メスはオスの目を盗むようにして細い流れへと入り込み、体をほぼ垂直にしてホバリング（空中停止飛行）しながら、バサッ、バサッと音が聞こえるほどの迫力で、川底へ尾の先を差し込んで、一心不乱《いっしんふらん》に産卵します。子孫を残すための懸命《けんめい》な姿に、感動を覚える瞬間です。体長は80～105mmほど。

オニヤンマの顔
（♀　成虫）

●顔くらべ
ミヤマアカネ p41
オオシオカラトンボ p73
ハラビロトンボ p141

人家を通過するような行動からつけられた別名が「ドロボーヤンマ」。むしろこちらの名前のほうが似合っているかもしれない。

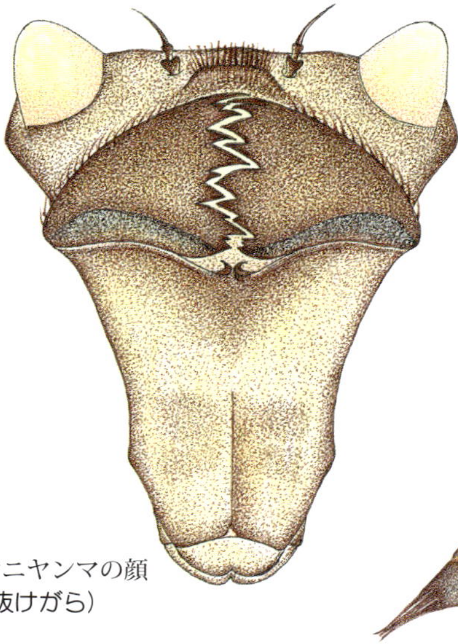

オニヤンマの顔
（抜けがら）

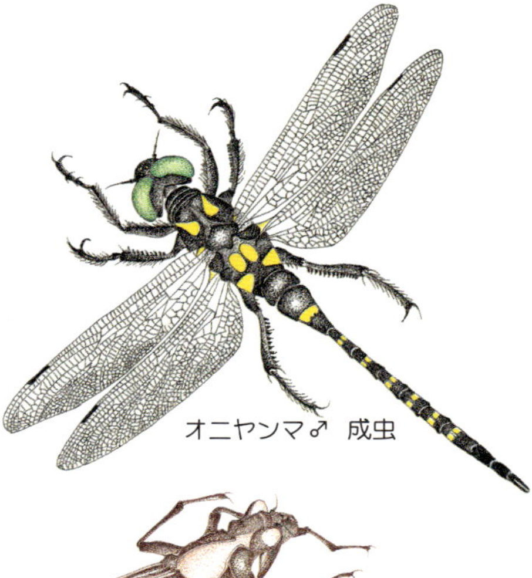

オニヤンマ♂　成虫

幼虫の抜けがら

オオスズメバチ　残虐なギャング

なんでもかみ砕《くだ》いてしまいそうなするどいアゴが印象的な怖い顔です。この大アゴと必殺の毒針でほかの昆虫をおそい、幼虫のエサにしてしまいます。

ある秋、桜の古木の穴にニホンミツバチがつくった巣での出来事です。その出入り口には多くの番兵が守っていました。元来《がんらい》、ニホンミツバチはスズメバチに巣をおそわれると、侵入したスズメバチを数十頭で囲んでいわゆる「ハチ団子《だんご》」をつくり、羽や腹部を震《ふる》わせて団子の内部を高温にしてスズメバチを蒸し焼きにするという、高温に耐えられる自分たちの強みを生かした高度な戦法を持っています。オオスズメバチは通常は単独でツチバチやバッタなど比較的大型の虫をねらい、強力な大アゴでいきなりかみついて、肉団子にして自分の巣へ運びます。ただこの日はオオスズメバチも作戦をたてたのでしょう。大群で巣をおそい、ミツバチが地道に貯えた花粉や蜜、幼虫などをそっくり奪い去ってしまいました。自然界のおきてとはいえ、オオスズメバチの顔をあらためてよく見ると、「残虐《ざんぎゃく》なギャング」のようなふてぶてしい風貌《ふうぼう》に見えてきます。体長は35～45mmほど。

樹液を吸うオオスズメバチ♀

ルリタテハも小さくなっている

ニホンミツバチがつくった巣

ニホンミツバチを全滅させたオオスズメバチの攻撃

オオスズメバチの顔
（働きバチ♀　成虫）

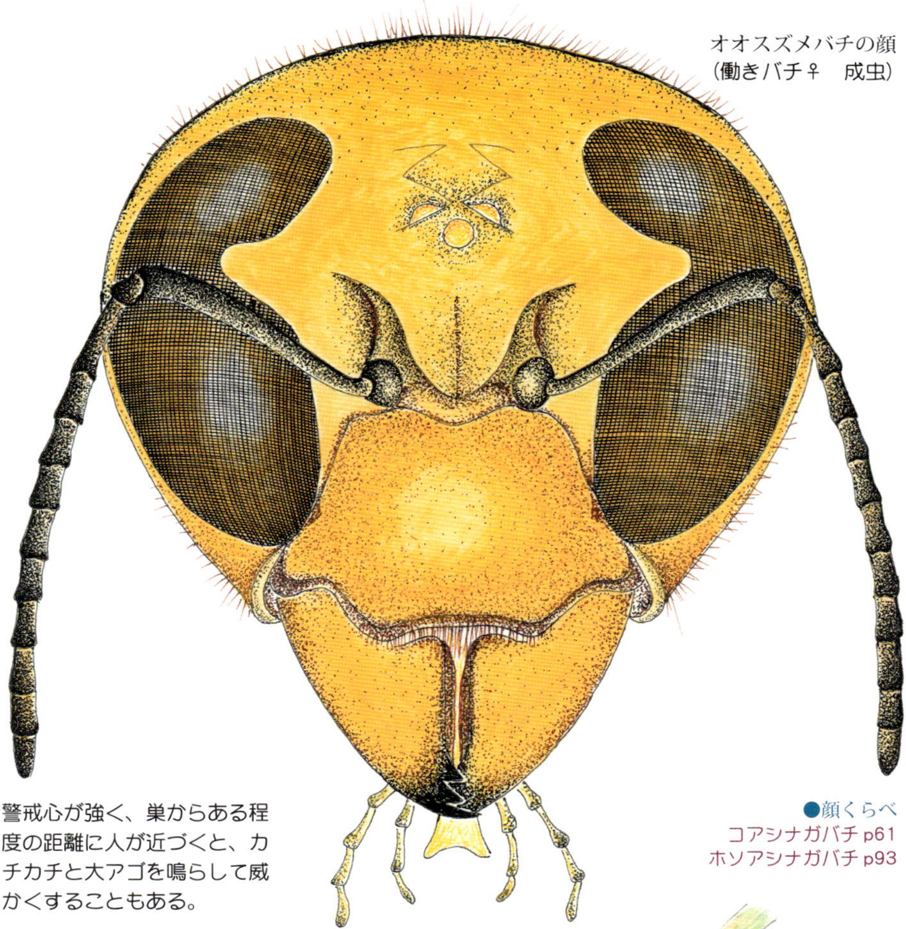

警戒心が強く、巣からある程度の距離に人が近づくと、カチカチと大アゴを鳴らして威かくすることもある。

●顔くらべ
コアシナガバチ p61
ホソアシナガバチ p93

越冬中のオオスズメバチ♀

大型ツチバチを捕食

ヤマトシリアゲ
優しい悪魔

　どことなくくちばしの大きな水鳥を思わせるような長い顔です。この長い口をエサの昆虫に突き刺して体液を吸うのですが、長い顔はエサを食べるとき、誰よりも早く多く食べられるのです。英名はスコーピオン・フライ（Scorpionfly＝サソリ＋ハエ）で、オスのしっぽは先端にハサミまでついていてまさにサソリ。ちょっと不気味なのですが、その行動をよく見ると意外と紳士的な一面もあります。ヤマトシリアゲのオスはメスにエサをプレゼントするのです。私が目撃したときには、オスがクモの巣にかかったイトトンボを横取りし、それをエサにしてメスをおびき寄せ、サソリのしっぽ状のハサミでメスをしっかりとはさみ込み交尾をしていました。つまりこのハサミは確実に交尾を遂行《すいこう》するためのものでもあるのです。だからこのしっぽにはサソリのような毒針はありません。ヤマトシリアゲは見た目に似合わず「優しい虫」なのです。体長は15～25mmほど。

ヤマトシリアゲ♂

ヤマトシリアゲ♀

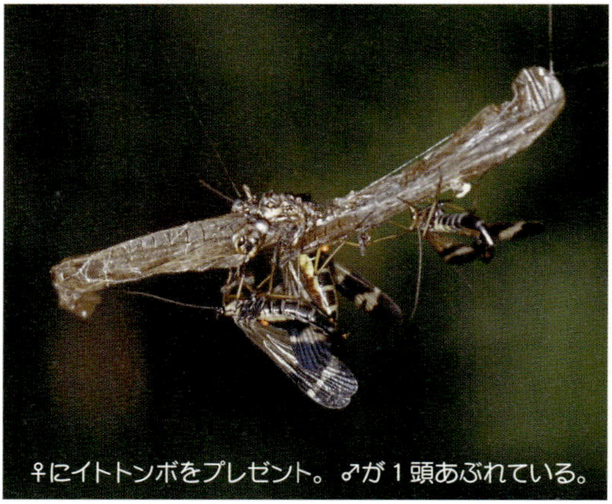
♀にイトトンボをプレゼント。♂が１頭あぶれている。

交尾

ヤマトシリアゲの顔
（♂　成虫）

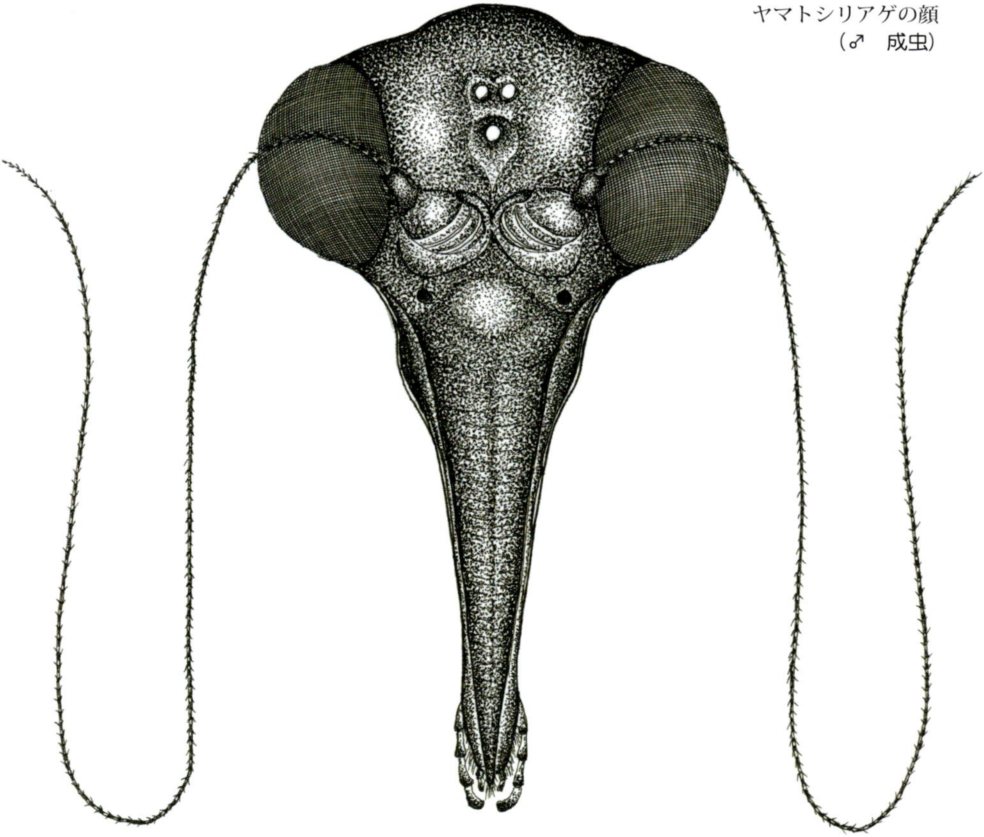

長い口をエサの昆虫に突き刺して体液を吸う。

●顔くらべ
ガガンボモドキ p129

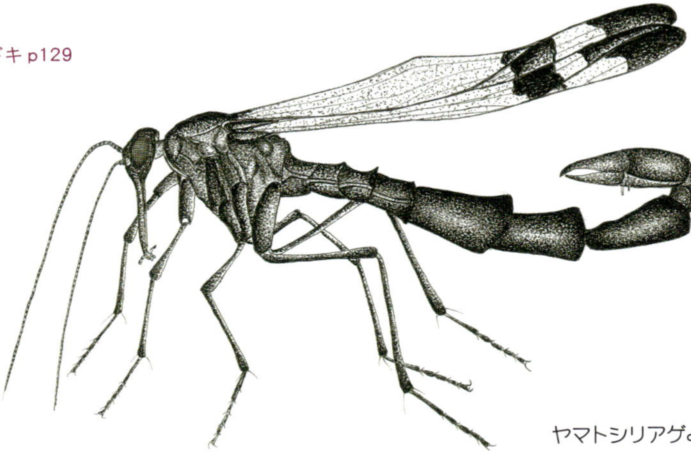

ヤマトシリアゲ♂

ヒグラシ

哀愁ただよう

無駄のない
デザイン

セミヤドリガに寄生
されたヒグラシ

セミたちの体の色は褐色系が多く、どこか野暮《やぼ》ったくも見えますが、ヒグラシの顔は色彩・配色・紋様《もんよう》が美しく、金色に輝く産毛や透きとおった羽まで無駄《むだ》なくデザインされているという印象です。体長は羽の先までで 40 ～ 50mm ほど。鳴き方も「カナカナカナ……」と哀愁《あいしゅう》があり、ドラマや映画などの効果音としてもよく使われています。朝夕にとくによく鳴きますが、昼間でも急に暗くなったときなどいっせいに鳴きはじめます。この声のせいでしょうか、その顔はどこか上品で優しささえ感じられます。

ヒグラシにとっての悲しい現実を紹介します。それはセミヤドリガの存在です。セミはたくさんいるのになぜかこのガはヒグラシにだけ寄生します。それも森によってはかなりの高率《こうりつ》で寄生されていることもあり、寄生されたヒグラシをひとつ見つけると、その近辺には寄生されたヒグラシがたくさんいることがあります。セミヤドリガの１齢幼虫は前足がするどいカギ状で、ヒグラシが近づくと大急ぎでその体に飛びつくのでしょう。私にとっては、セミヤドリガの存在もヒグラシの声が悲しく聞こえる理由のひとつかもしれません。

昼のヒグラシ（左）と夜のヒグラシ（右）

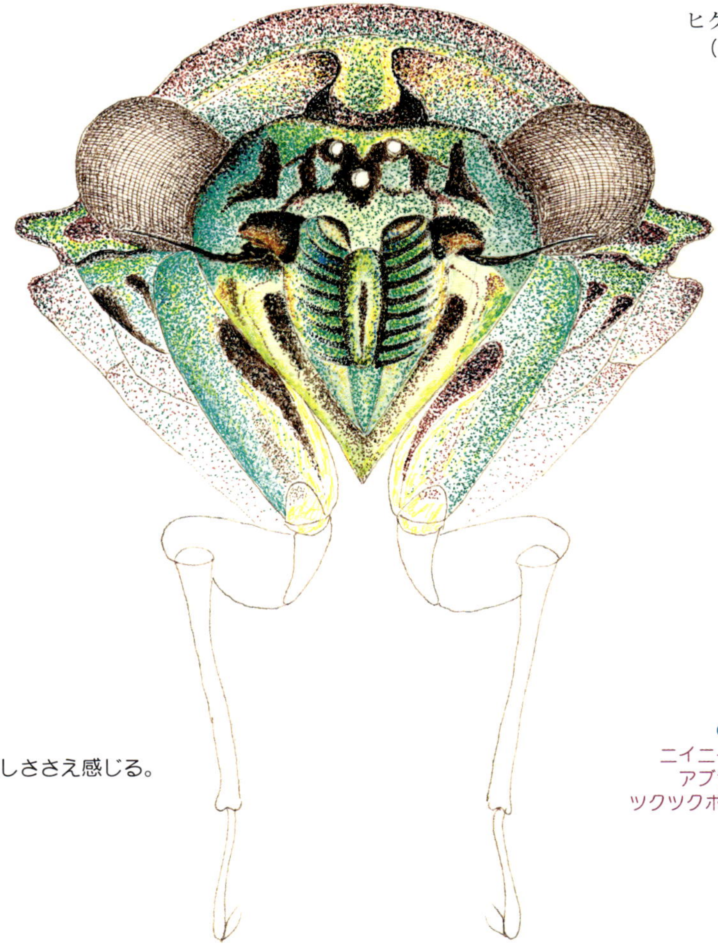

ヒグラシの顔
（♀　成虫）

上品で優しささえ感じる。

●顔くらべ
ニイニイゼミ p57
アブラゼミ p99
ツクツクボウシ p133

ヒグラシ♂

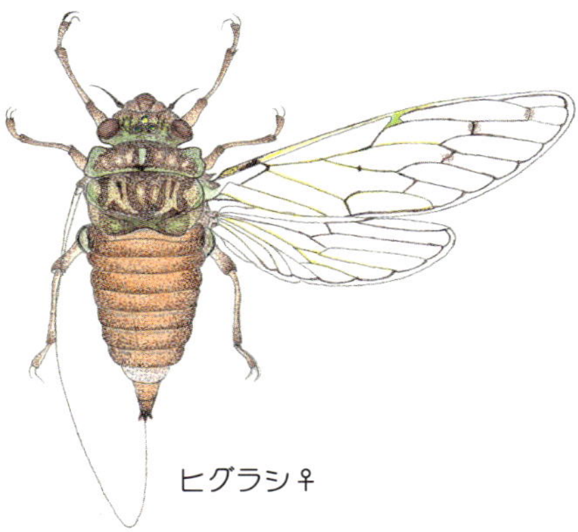

ヒグラシ♀

セミヤドリガ　ヒグラシの悲しみの根源

ヒグラシに哀愁《あいしゅう》をもたらす寄生者セミヤドリガの顔は、いたって普通のガの顔です。触角は櫛《くし》状でおそらく感覚はするどいのでしょう。口は毛におおわれていてどこにあるのかわかりにくいのですが、じつはないのです。セミヤドリガの成虫は産卵だけに専念《せんねん》するので当然のことかもしれません。体長は7～8mm。

セミヤドリガにオスはめったに現れません。メスが単為生殖《たんいせいしょく》によって産卵します。少なくて20個、多いものでは1000個以上産むこともあります。よくわかっていませんが、早朝の林などへ入るとヒグラシは地上1～2mあたりに多く休んでいますので、そのあたりの樹肌にセミヤドリガは産卵するようです。寿命が短いヒグラシに寄生するので、幼虫は2週間あまりで1齢から5齢に育つとされ、1齢幼虫のときヒグラシに乗り移り、横腹のある種特殊な空間に入り込んですぐに2齢幼虫に脱皮、ヒグラシの体液を吸いはじめるようです。体が大きくなると背側に移り、5齢幼虫になると白い蠟状《ろうじょう》物質でできた綿毛におおわれるようになり、充分栄養をとった5齢幼虫は糸を吐きながらヒグラシの体を離れます。空中を糸で降下し着陸するとやがて繭《まゆ》づくりに入ります。ふわふわとした繭は木や草に純白の綿の花を咲かせたように見えます。

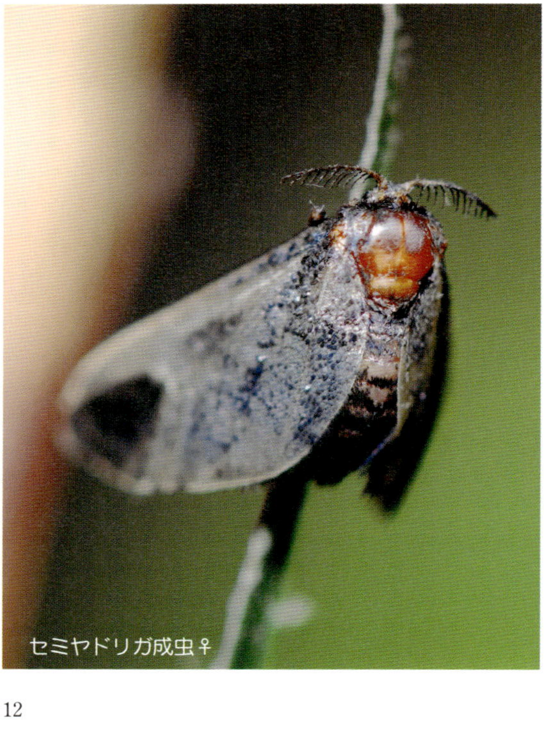
セミヤドリガ成虫♀

数頭のセミヤドリガに寄生されたヒグラシは遠目からもよく目立つ。

ヒグラシから降下

セミヤドリガの顔
（♀　成虫）

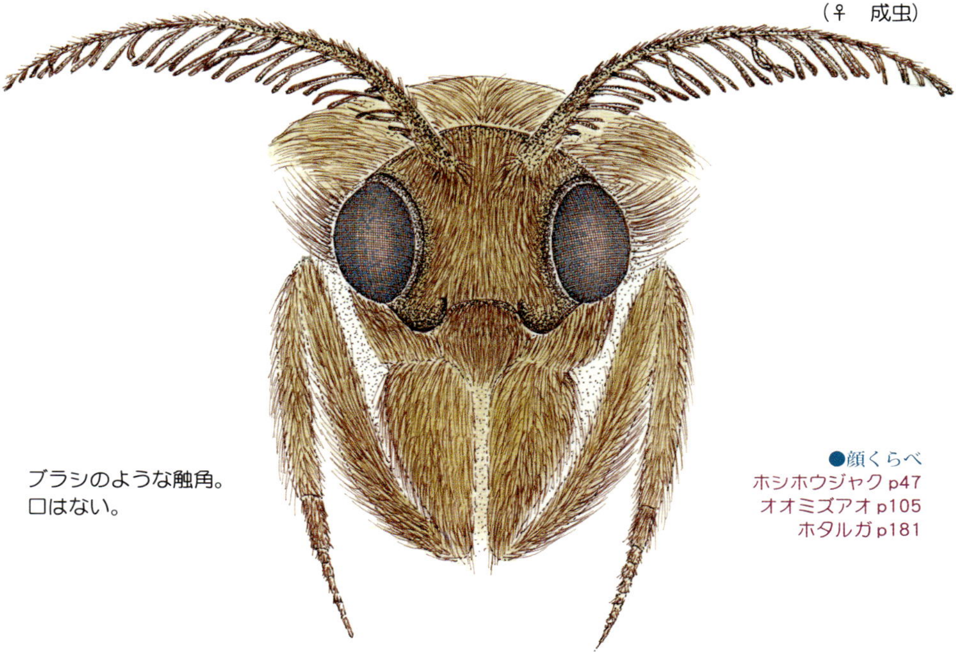

ブラシのような触角。
口はない。

●顔くらべ
ホシホウジャク p47
オオミズアオ p105
ホタルガ p181

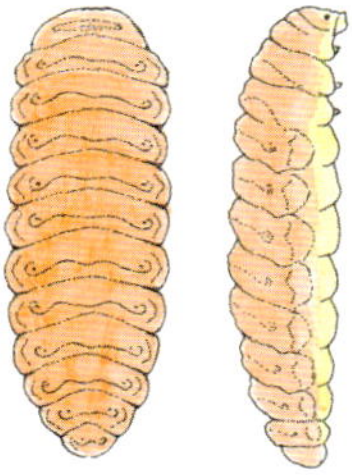

2 齢幼虫

降下中の 5 齢幼虫

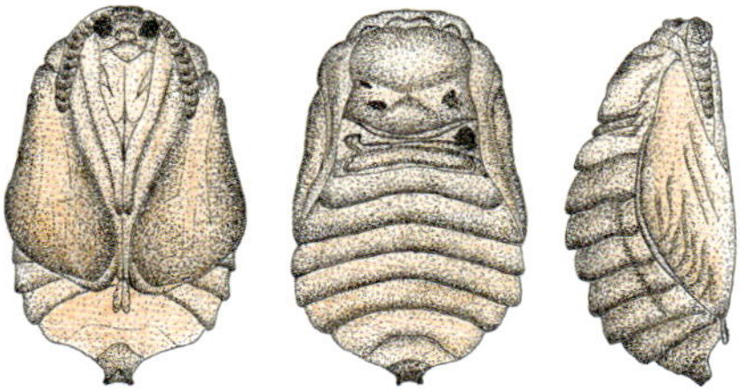

サナギ

草についたセミヤドリガの繭

セミヤドリガの脱皮がら

羽化

ゴマダラカミキリ　厄介な美麗害虫

黒紺色に艶《あで》やかな白い斑紋《はんもん》、顔や腹、触角、足が淡く青みを帯びていて、なかなか美麗《びれい》なゴマダラカミキリですが、ちょっと怖い顔です。体と同じくらいの長く特徴的な触角を持ち、よく見ると顔には凹凸があり、とくに眼が触角の根元まで達していて、ちょっと異様な感じを受けます。これは本種に限らずカミキリムシに共通の構造で、眼が顔の後ろまでのびていることで視界が広く、外敵に対応するためだとも考えられます。カミキリムシの仲間はたいてい、危険がせまると、みずからポロリと下の草地に落ちて姿をくらまします。そして落ちた姿勢のまま20～30分も動かないものも珍しくなく、とにかく見つけにくい。これも一種の護身術で、彼らの生き延びる知恵なのでしょう。ようやく見つけだして捕まえると、頭部と胸部を激しく動かし「キイキイ」と鳴いているような音を出します。見た目は美麗なのですが、多種の木（クリ・クワ・ミカン類・サルスベリなど）に産卵し、木を枯らせてしまうこともあります。樹皮近くに産みつけられた卵からかえった幼虫は、材を食べて育ち木に穴をあけます。さらに、成虫になって木の穴から出てきたゴマダラカミキリは、ほかの木の樹皮をかじり2次被害を与える厄介《やっかい》な害虫です。

ゴマダラカミキリ♂

交尾しようとしている
ゴマダラカミキリ

被害にあったサルスベリ

ゴマダラカミキリの顔
（♀　成虫）

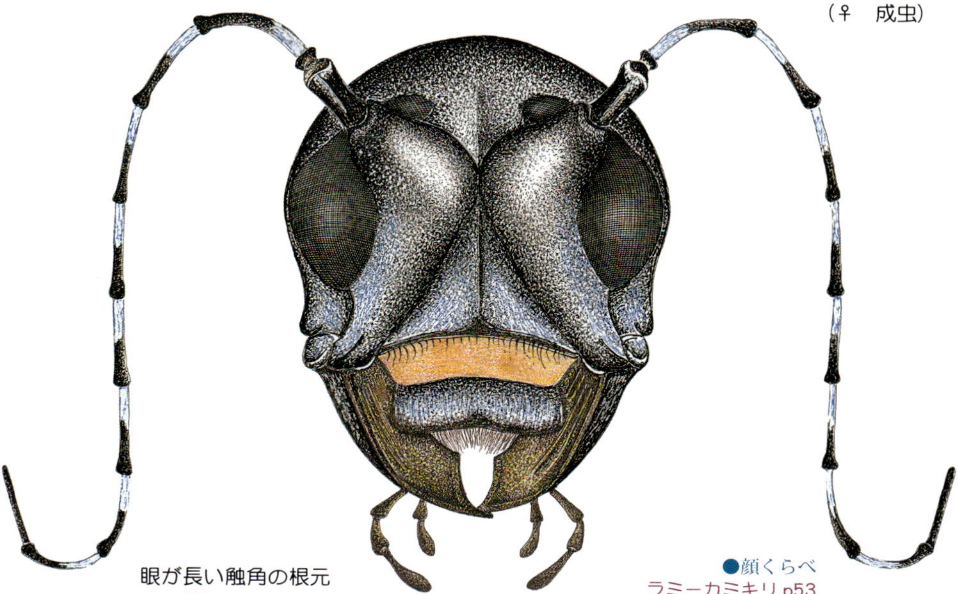

眼が長い触角の根元
まで達している。

●顔くらべ
ラミーカミキリ p53

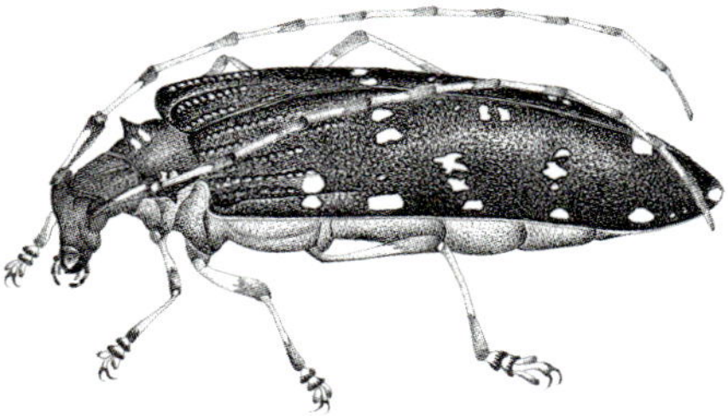

ゴマダラカミキリ

長い触角

ハラナガツチバチ　強力なパワーショベル

　名前のとおり、ハチにしてはお腹が長く、いかにも重そうです。大きな立派なアゴを持っています。じつはこのアゴは土を掘るための強力なパワーショベルのようなもので、メスの親虫は土の中でトンネルを掘り進め、コガネムシの幼虫を見つけて、それに卵を産みつけます。産卵管は麻《ま》酔針《すいばり》の役目も果たします。ハラナガツチバチの幼虫は麻酔されたコガネムシの幼虫の中で、このコガネムシを吸汁して成長します。ハラナガツチバチの親虫は「穴を掘る前」にすでにコガネムシの幼虫を見つけているのか、はたまた、当てずっぽうに「穴を掘ってから」探し出すのか。どちらにしても、おそらく何らかのセンサーみたいなものを持っているのでしょう。不思議な能力です。

　この絵の顔はメスですが、オスの触角はメスの倍以上も長くとても立派です。体長は20～30mmほど。

ハラナガツチバチ♀

ハラナガツチバチ♂

ハラナガツチバチの顔
（♀　成虫）

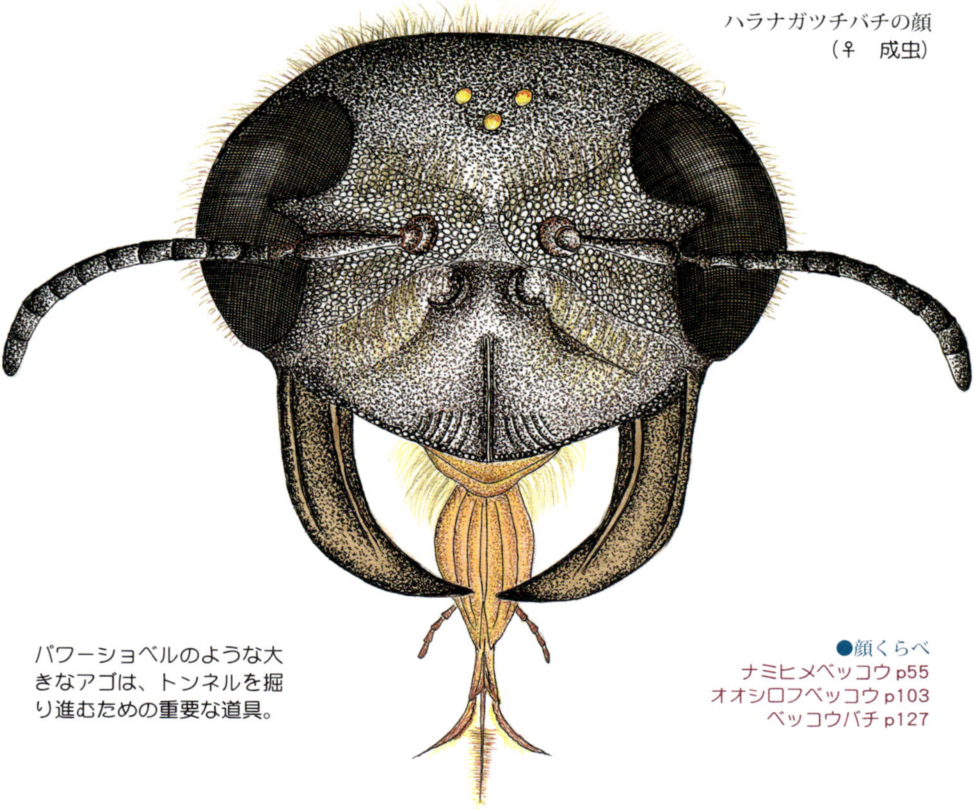

パワーショベルのような大きなアゴは、トンネルを掘り進むための重要な道具。

●顔くらべ
ナミヒメベッコウ p55
オオシロフベッコウ p103
ベッコウバチ p127

ハラナガツチバチ♂

ハラナガツチバチ♀

オオアオイトトンボ 視界360度のハンマーフェイス

イトトンボ独得《どくとく》のハンマーの先端のような横長顔ですが、緑・青・黄色と絶妙な配色で、美しい印象的な顔をしています。複眼が横へ大きく張り出し、黄色い単眼も上へ突き出ていて、これなら首を振れば横から縦方向まで360度の視界を確保できそうです。飛んでいる小さな昆虫をつかまえるには、とても好都合な顔立ちといえます。毎年7～10月に姿を現しますが、秋も深まると、池の上に張り出した小枝の樹皮に、雌雄《しゆう》連結したまま産卵します。卵からかえった幼虫は、そのまま下へ落ちれば生活の場である水の中に入れるという合理的なしくみになっています。また、オオアオイトトンボは普通のイトトンボのように羽を4枚閉じてとまるのではなく、羽を半開きにしてとまります。この静止した姿が顔の配色とあいまって、彩《いろど》られた繊細《せんさい》な彫刻作品のようにも見えてきます。

オオアオイトトンボ♂
羽を半開きにしてとまる。

オオアオイトトンボ♀

オオアオイトトンボの顔
（♂　成虫）

飛んでいる小さな昆虫を捕食するには、とても好都合な顔立ち。

●顔くらべ
ホソミオツネントンボp91

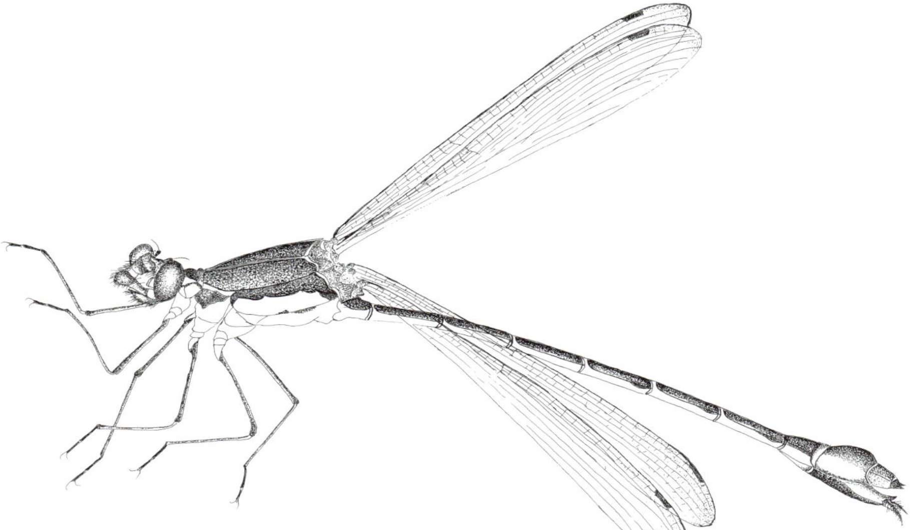

繊細な彫刻作品のようなオオアオイトトンボ♂

オオカマキリ

祈りを捧げる虫

　下の写真のように日中は、大きな眼の中にこちらを見つめているような瞳《ひとみ》がぽつん。なかなか愛嬌《あいきょう》のある顔です。この黒い点は偽瞳孔《ぎどうこう》といい、残念ながらこちらを見つめているわけではないそうです。逆三角形の顔は上下左右に動かすことができ、獲物《えもの》の動きに敏感《びんかん》に反応します。アゴが小さく見えますが、セミなどの大きな虫でもバリバリ食べられる大きな歯が隠されています。逆三角形の顔は力学的にも歯の力が集中できる構造なのでしょう。

　獲物を見つけると鎌状《かまじょう》の2本の前足を顔の下あたりに揃《そろ》え、中足後足の4本でソロリソロリと近づきます。その姿勢がお祈りをしているように見えるため、英名でプレイング・マンティス（Praying mantis ＝祈る虫）と呼ばれることもあり、世界の各地で同じような見方をしていることがわかります。前足の鎌にはするどいトゲがずらりと並び、一度つかまった獲物はいくらもがいても逃げることができません。驚くべきしくみです。体長 68 ～ 95mm。「交尾後にオスはメスに食べられてしまう」とよくいわれますが、あくまでもそれはオスの不注意な動きから偶発的《ぐうはつてき》に起こる事故で、交尾の頃にはメスの腹の脂肪はすでに成熟していてエサを食べる必要がないので、ほとんどのオスは無事だそうです。

愛嬌のある視線

祈りのポーズ

産卵

オオカマキリの顔
（夜の顔　♀　成虫）

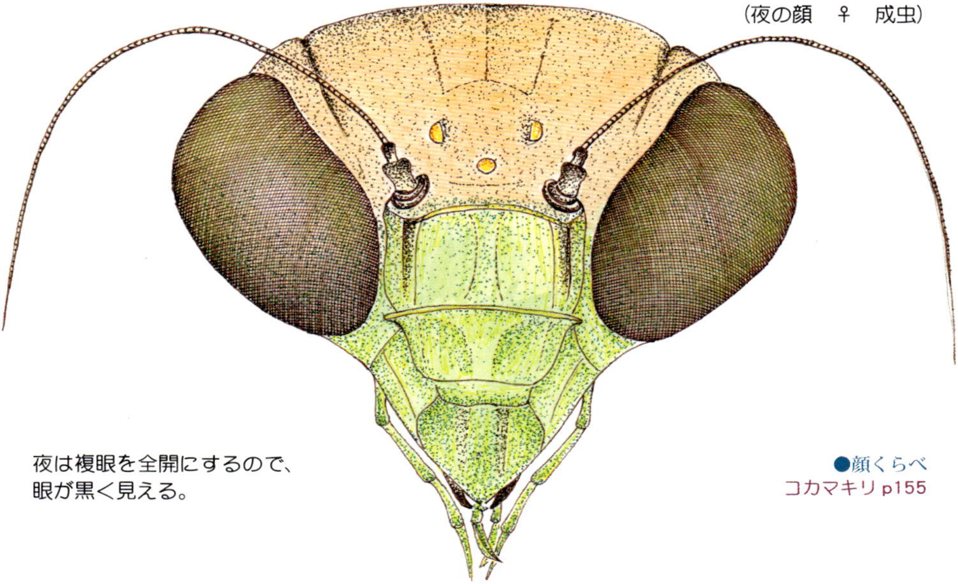

夜は複眼を全開にするので、
眼が黒く見える。

●顔くらべ
コカマキリ p155

ドロバチを捕食

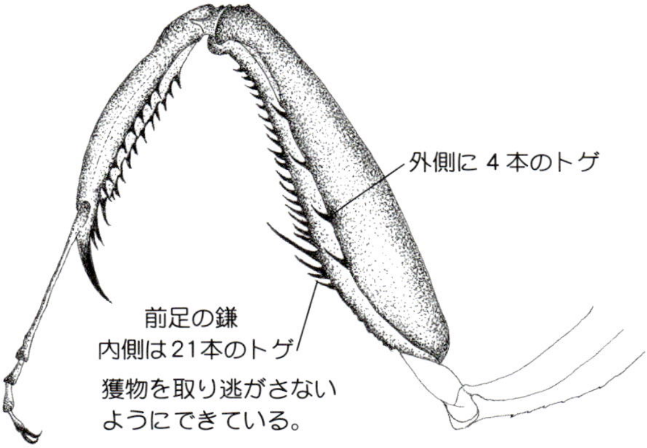

獲物を取り逃がさない
ようにできている。

体色の異なる個体

ニホンミツバチ セイヨウミツバチ

素朴vsスマート

2種のミツバチの顔をくらべてみましょう。ニホンミツバチはもともと日本の野生ミツバチです。体長は10～17mm。野性的で毛深く、どこか「素朴《そぼく》さ」が残る顔をしています。公園や雑木林のサクラやスギの古木にあるくぼみを活用して巣づくりをし、写真にあるように巣の入り口を多くの番兵が常に守っています。セイヨウミツバチは長い歴史の中で人間による改良が加えられ、蜜集めや花粉媒《ばい》介《かい》などの能力が高くなっています。顔もなんとなく「スマート」な感じです。体長は12～20mm。

セイヨウミツバチの巣は人間が管理しているので、スズメバチたちの攻撃から守られることが多いのですが、ニホンミツバチの巣は彼らの攻撃の対象になります（オオスズメバチ参照）。一頭ずつの攻撃は「ハチ団子《だんご》」による蒸し焼きで防御《ぼうぎょ》できますが、何十頭という集団でおそわれると蒸し焼きも間に合わず、防ぎきれずに全滅《ぜんめつ》して巣の内部をすべて持ち去られてしまいます。そのようなことがあっても、ニホンミツバチはなんとか絶滅せずに生き抜いています。これも野生の力なのでしょう。

ニホンミツバチ♀

セイヨウミツバチ♀

番兵に守られたニホンミツバチの巣

ニホンミツバチの顔
（働きバチ♀　成虫）

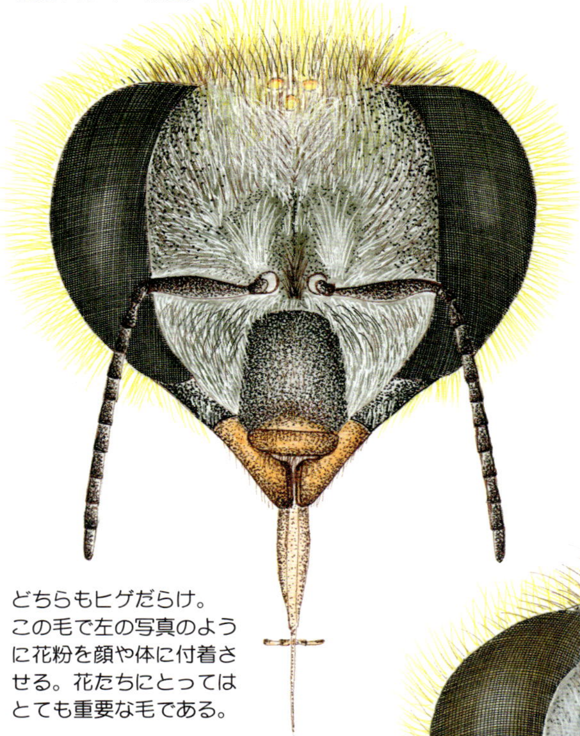

ニホンミツバチと菜の花

どちらもヒゲだらけ。この毛で左の写真のように花粉を顔や体に付着させる。花たちにとってはとても重要な毛である。

セイヨウミツバチとひまわり

セイヨウミツバチの顔
（働きバチ♀　成虫）

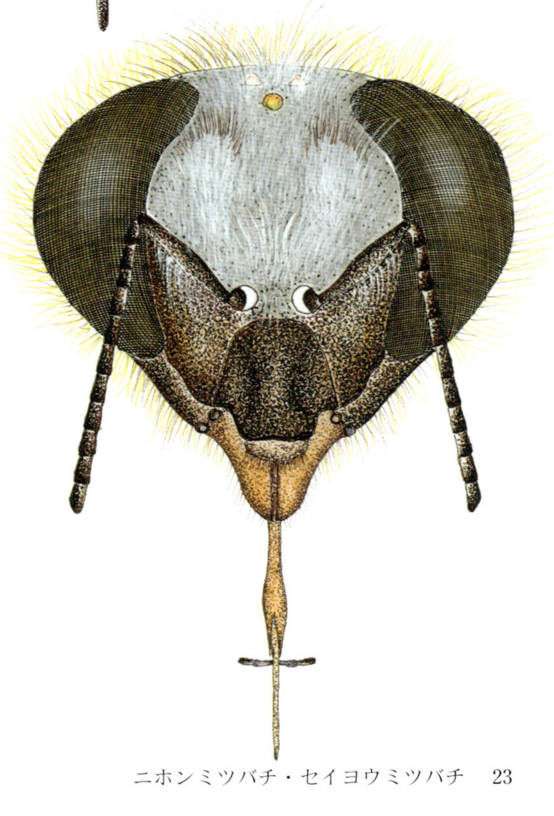

ツマグロオオヨコバイ　小さなバナナ虫

ツマグロオオヨコバイと名前に「大」がついてますが、成虫でもほとんどが体長10mm程度。それでもヨコバイの仲間では大型の部類です。セミに近い仲間だけに、顔はまるで小さなセミ。吸汁針もするどく太く、いかにも生活力旺盛《おうせい》な感じがします。植物の汁を吸って生活していますが、とくにかたい木は別にして、いろいろな植物から幅広く、あまり選《よ》り好《ごの》みなく吸汁します。顔が黄色と黒、羽は黄緑色で先端が黒紺色。とても派手な印象からでしょうか、ついた俗称《ぞくしょう》が「バナナ虫」。この黄色と黒の配色は、ハチに似せて、外敵から身を守っているのでしょう。葉や茎にとまっているヨコバイに指を近づけると、名前のとおりの横《よこ》這《ば》いで裏側に隠れたり、すばやく逃げたりします。成虫越冬する虫なので一年中見られ、春に交尾・産卵します。初夏になると、アジサイなどにたくさん群れになってとまり、吸汁しながら、お尻から甘い汁を含んだオシッコを雨のように降らせることがあります。逆光線の中で見たその光景は、お尻から出た水滴が、まるでシャボン玉のように太陽に反射して、淡く虹がかかり、なんとも美しく、楽しい眺めでした。

横から見た姿もセミに似ている。

葉の裏にとまり集団で越冬。

交尾

ツマグロオオヨコバイの顔（♀　成虫）

微笑んでいるようにも見える。

●顔くらべ
スケバハゴロモ p77
アオバハゴロモ p159
ベッコウハゴロモ p173

終齢幼虫

羽化

羽を伸ばす

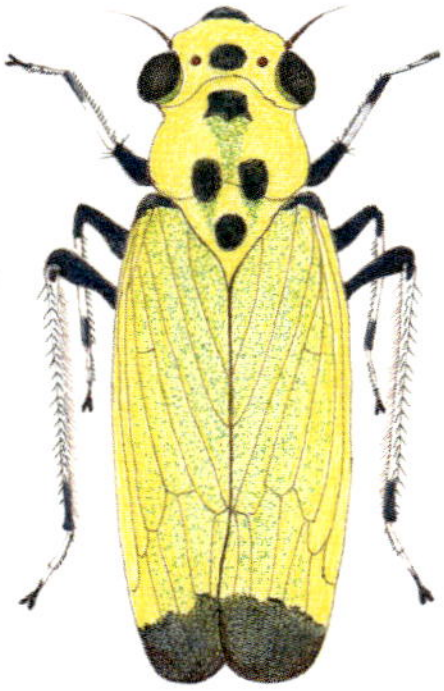

ツマグロオオヨコバイ

シオヤアブ　狩猟能力に長けた獰猛な仙人

仙人のようなアゴヒゲに大きな目玉。草地の日当たりのよい場所にとまって、ほかの虫の動向を見ています。これだけならば「日向ぼっこののんびりじいさん」なのですが、シオヤアブはとても獰猛《どうもう》なアブです。ハエなどの小さな虫からセミ、コガネムシなど大きいもの、さらには同じ肉食昆虫のトンボなどまでもエサとしていて、比較的長くて太い口を突き刺して体液を吸ってしまいます。圧巻《あっかん》なのは、それらの獲物が飛行中であっても、追いかけてわしづかみにする技術もあり、狩《しゅ》猟《りょう》能力に長《た》けたアブなのです。

体長20～28mmほど。全身とにかく毛だらけで、腹部はこの毛でしま模様に見え、足は中間の部分だけに毛が密生し黄色っぽく見えます。そしてオスの尾端には白い毛が筆のように密生していて、雌雄《しゆう》の判別は容易です。

ハエを食べる
シオヤアブ♀

シオヤアブ♀

シオヤアブ♂

交尾

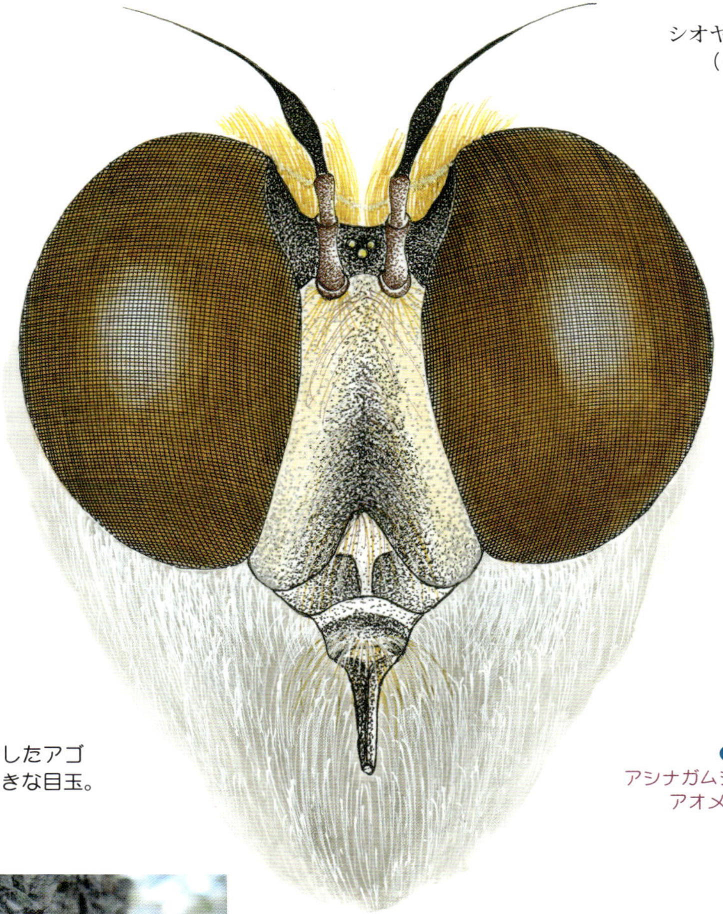

シオヤアブの顔
（♀　成虫）

フサフサしたアゴ
ヒゲと大きな目玉。

●顔くらべ
アシナガムシヒキ p97
アオメアブ p151

シオヤアブ♂
尾端に白い毛が密生。

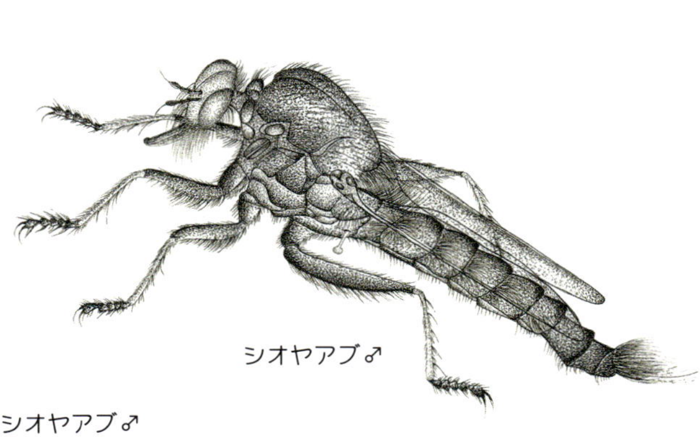

シオヤアブ♂

エゴヒゲナガゾウムシ　牛であり象である

春に下向きの白花をたくさん咲かせ、夏には実を鈴なりにぶら下げるエゴノキ。この実を目指してエゴヒゲナガゾウムシは飛んできます。オスの顔は白い毛が密生していて、のっぺらぼうで真っ平ら。ツノをもつ「牛」にそっくりで、別称《べっしょう》がウシヅラゾウムシといわれるのもうなずけます。体長は3～8mm。そのツノのような出っ張りの先端には眼が、そしてその眼の少し下からは長い触角が生えていて、なんとも奇妙な面構《つらがま》えです。しかもこれはオスだけで、オスの眼は山の頂上についているようなもの。360度見わたすことができ、メスを探すのに好都合なのでしょう。一方メスは普通のゾウムシらしい顔です。ただし、メスの歯はするどく、エゴノキのかたい果実に穴を開けて深く掘り下げ、中心の種《たね》にまで穴を開けて、体を反転させ尾端を差し込んで産卵します。幼虫は栄養価の高い種の脂肪分を食べ、そのまま種子の中で越冬します。エゴノキの実はシャンデリアをたくさん並べたようにきれいに並んでいますが、よく見ると意外に穴のあいた実がたくさんあります。

エゴヒゲナガゾウムシ♂

穴だらけのエゴノキの実

エゴヒゲナガゾウムシ♀。種まで穴を掘り、体を反転して産卵。

エゴヒゲナガゾウムシの顔
（♂　成虫）

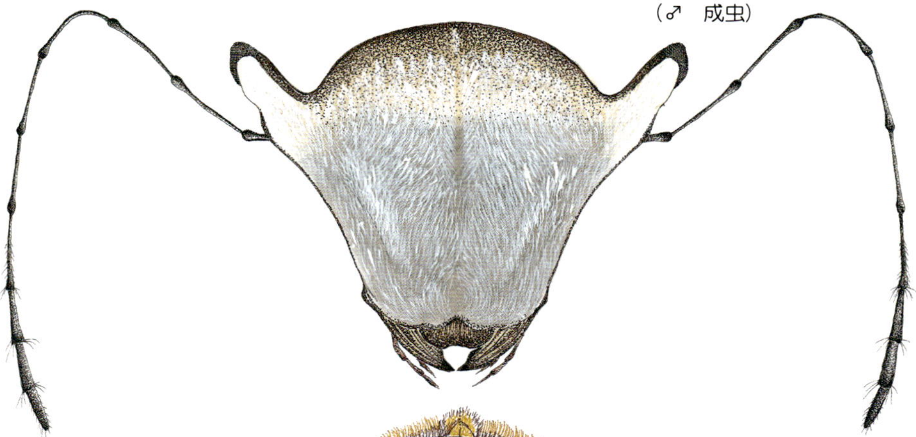

エゴヒゲナガゾウムシの顔
（♀　成虫）

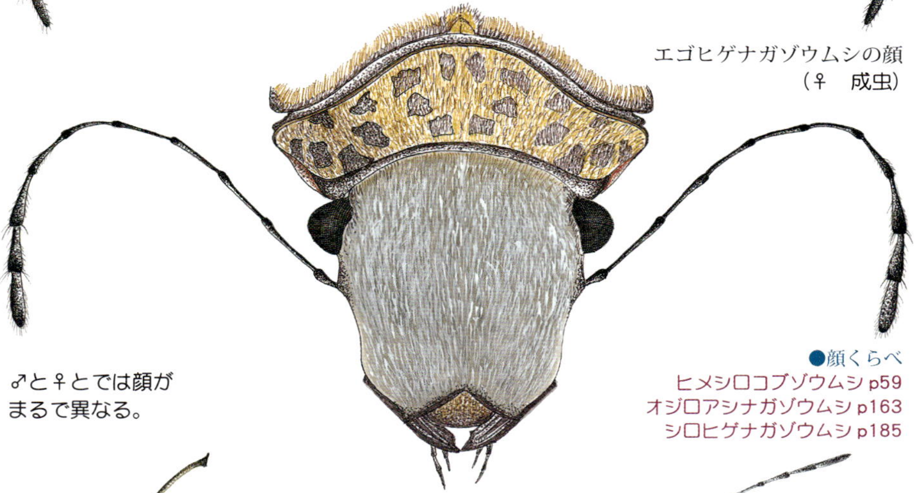

♂と♀とでは顔が
まるで異なる。

●顔くらべ
ヒメシロコブゾウムシ p59
オジロアシナガゾウムシ p163
シロヒゲナガゾウムシ p185

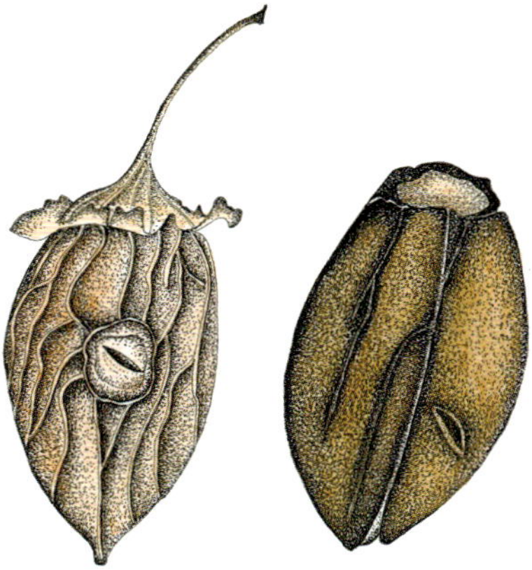

エゴノキの種に残された産卵あと

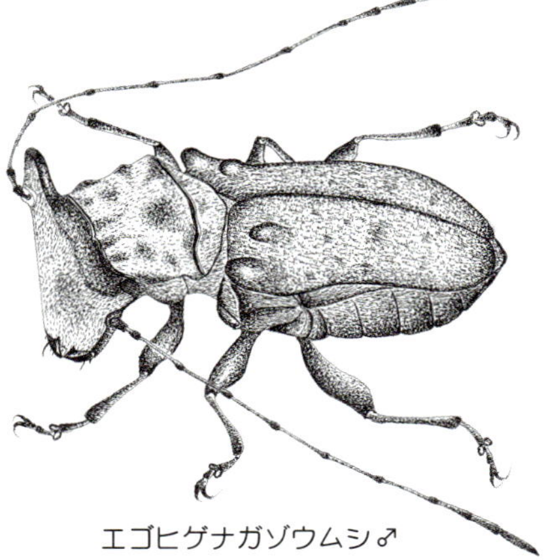

エゴヒゲナガゾウムシ♂

クマバチ　ちょっと派手な風来坊

クマバチという名前からクマを連想し怖い感じがしますが、この種は花バチで主食は花蜜。よくスズメバチの俗称《ぞくしょう》の「クマンバチ」と混同され恐れられていますが、クマバチはよほどのことをしない限り人を刺したりはしません。体長は20～25mm。オスの顔には黄色い紋《もん》があり、触角の1節も黄色に彩《いろど》られていて、これは警戒色《けいかいしょく》として役立っています。団体行動をしないので「ちょっと派手な風来坊《ふうらいぼう》」といったところでしょうか。それに対しメスの顔は地味で、優しい母親のように見えます。

フジの花の咲く頃に、花から花へと蜜を求めて飛び回りますが、都市の公園などでは空中の一点に止まったようにホバリングしているオスの姿をよく見かけます。これはメスが来るのを待ちぶせて、テリトリー（縄張《なわば》り）を張っているのです。そのときのオスは、メスに限らず飛んで来るほかの昆虫や小型の鳥など、近づくものをやたらと追い、メスであるかを確認しています。あまり視力がよくないのでしょうか。無駄《むだ》な動きが多いようです。

クマバチはミツバチやスズメバチと違い単独で生活します。メスは枯木に穴をあけ、蜜と花粉を集めてから産卵をはじめます。よい環境にある枯木には、まれに複数の巣が集まっていることもあります。

熊のようなフサフサの体毛

長い舌で蜜を吸うクマバチ♀

花壇にもよくやってくる

クマバチ♂の空中飛行

クマバチの顔
（♂　成虫）

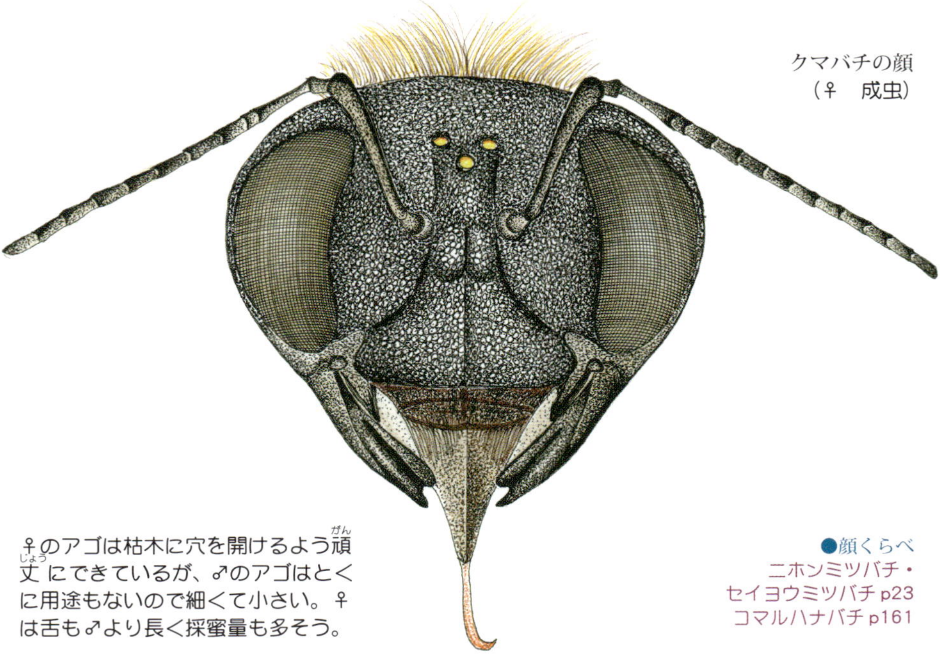

クマバチの顔
（♀　成虫）

♀のアゴは枯木に穴を開けるよう頑《がん》丈《じょう》にできているが、♂のアゴはとくに用途もないので細くて小さい。♀は舌も♂より長く採蜜量も多そう。

●顔くらべ
ニホンミツバチ・
セイヨウミツバチ p23
コマルハナバチ p161

センチニクバエ　センチメンタルなわけではない

センチニクバエの「センチ（雪隠）」とはトイレのこと。昔のくみ取り式トイレ内でこの虫の幼虫が成育することが多かったからついた名前です。感傷《かんしょう》的で涙もろいわけではありません。今はトイレも水洗化されたところが多いので、動物の死体やゴミなどの汚物《おぶつ》のあるところで暮らしています。そんな汚らしいところが好きな虫ですが、顔は出っ張った赤茶色の眼が印象的で、どことなく無邪気《むじゃき》な感じ。不思議なもので、アップでまじまじと見ると清潔感さえ覚えます。触角ばかりか顔一面に細かい毛が密生《みっせい》していますが、これがセンサーとして空気の動きまでを察知し、まわりの気配を読みとります。だから五月蝿《うるさ》いハエは敏感《びんかん》で敏《びん》捷《しょう》なのです。

1齢幼虫は卵胎生《らんたいせい》といって、卵が母親の体内で発育、孵化《ふか》し幼体となってから外へ出てくるため成長が早く、およそ2週間で成虫になります。昔は人家付近に多かった虫ですが、近年は公園の木などによく見られます。渋《しぶ》い灰白色、背中に3本の黒い筋を目印にすると、ほかのハエとの判別は容易です。体長は8～14mmほど。

センチニクバエ

交尾

背中に３本の黒い筋

センチニクバエの顔
（♀　成虫）

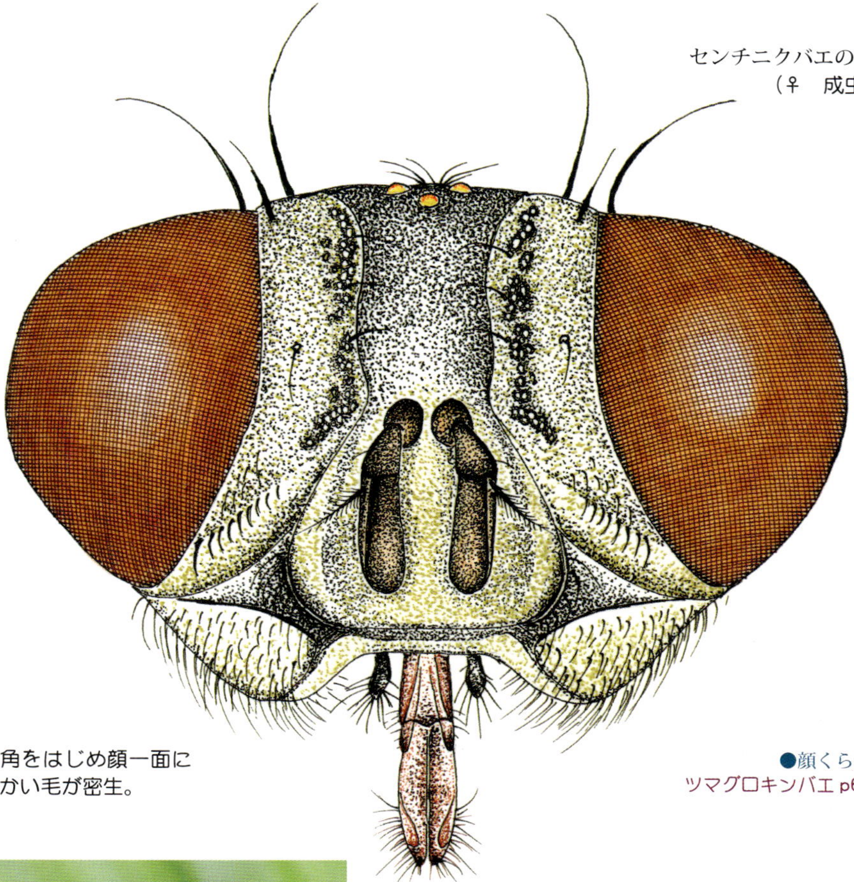

触角をはじめ顔一面に
細かい毛が密生。

●顔くらべ
ツマグロキンバエ p69

大きさのセンチ（cm）でも、センチメンタルのセンチでもない。

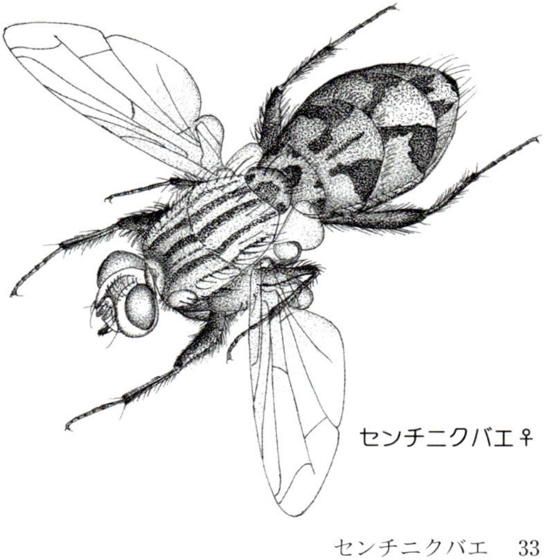

センチニクバエ♀

キベリトゲトゲ　とげとげのトンネル虫

　野山に咲くアザミの仲間には、春に花開くものから秋おそくまで花を咲かせているものまで、たくさんの種類があるので、チョウをはじめさまざまな虫たちが花粉や蜜を集めにやってきます。花が蜜をエサに虫を誘い、花粉を運んでもらう、そんな共進化の話にもよく出てきます。葉や苞《ほう》にトゲがあり、触ると痛いものが多いのが特徴ですが、そんなアザミの葉の上によく見かける虫がキベリトゲトゲ(キベリトゲハムシ)。体長3〜5mmの小さな虫で、体はアザミ同様チクチクとトゲだらけですが、顔は意外にのっぺりとしたとぼけた表情です。

　この虫の出番は4月、アザミが若葉をひろげる頃です。アザミの葉の表皮《ひょうひ》をかじり葉肉内へ産卵。幼虫は葉内部の緑色の部分のみをトンネルを掘りながら食べ続け、そのままサナギになります。このように葉内部にもぐり込む虫のことを英語で「リーフマイナー (leaf miner, 葉＋炭坑夫《たんこうふ》＝潜葉性《せんようせい》昆虫)」と呼ぶことがあります。葉に模様《もよう》を描く「字書き虫」は知られていますが、キベリトゲトゲは字を書くというよりも塗りつぶすように無駄《むだ》なく食べているようです。

アザミの葉の上のキベリトゲトゲ♀。縁がトゲにおおわれているのでこの名前がついた。

葉の表皮をかじり産卵

キベリトゲトゲ

食害されたアザミの葉

キベリトゲトゲの顔
（♀　成虫）

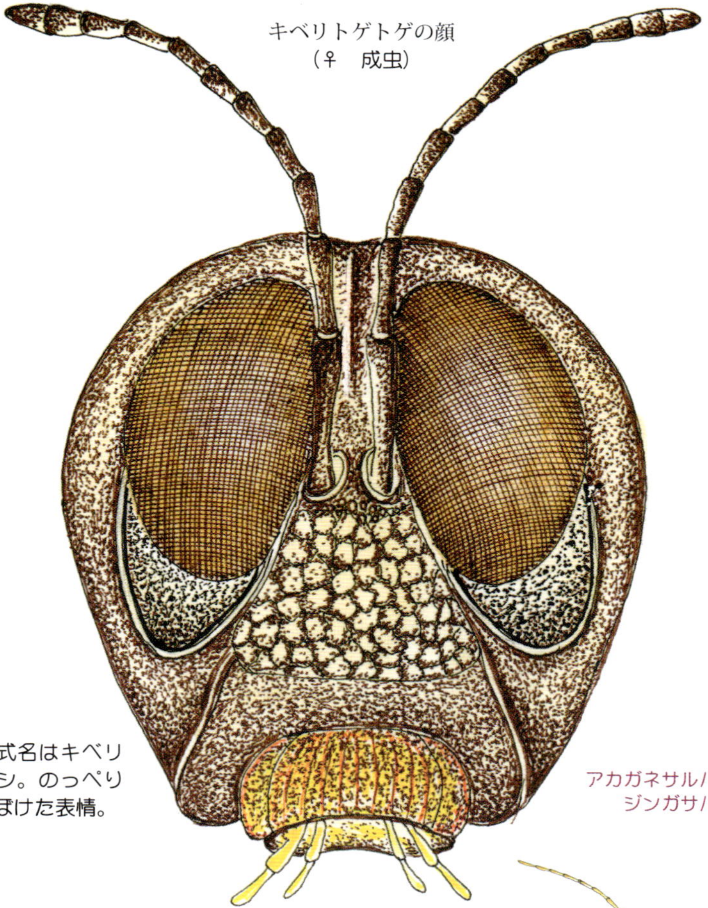

現在の正式名はキベリトゲハムシ。のっぺりとしたとぼけた表情。

●顔くらべ
アカガネサルハムシ p111
ジンガサハムシ p177

アザミの葉の中の幼虫

サナギの背面（上）と腹面

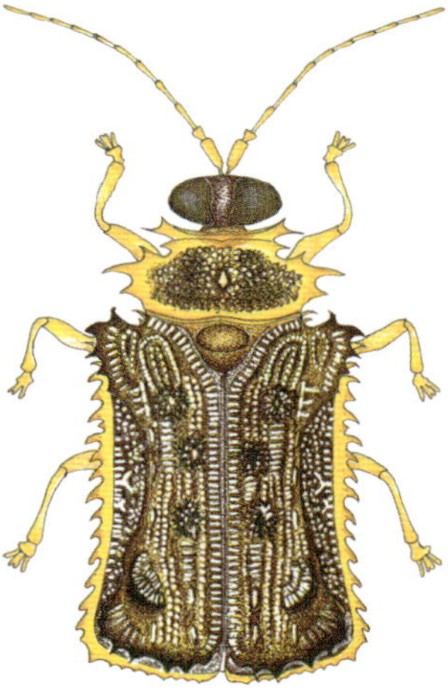

キベリトゲトゲ♀

ナナフシモドキ　おとなしい鬼

ナナフシモドキ

なんとも怖い顔です。角《つの》があって鬼の顔そのものです。口にはかみくだいた食物がこぼれないように、長い下アゴがついていて、これもなんだか怖そうな印象を与えます。しかし顔に似合わず、性格はじつにおだやか。

ナナフシモドキには緑色型と褐色型とがあり、体を枝のように見せ、長い前足後ろ足も小枝そっくり。まさに擬態《ぎたい》名人です。コナラやサクラなどいろいろな木のやわらかい葉をエサにしていて山や公園などにも多くすむのですが、この姿を頭に浮かべていないとなかなか見つかりません。夜行性なので日中はあまり動かずに植物の上で「ゆらゆら」しています。植物が風でゆれるのに合わせ、自分も体をゆらしているのです。歩くときも敵に見つかりにくいように、枝になりきりながら一歩ずつ慎重に進みます。

見事に枝に擬態するナナフシモドキ。2頭とも足がところどころ欠けている。ナナフシの仲間は外敵におそわれると足を犠牲にして逃げることがあり、その足はまた生えてくる。

ナナフシモドキの顔
（♀　成虫）

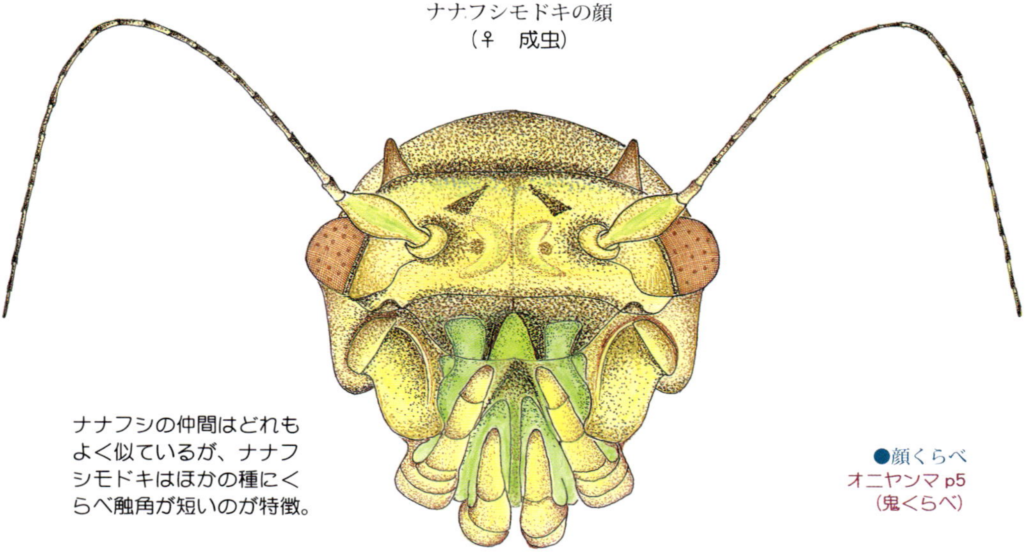

ナナフシの仲間はどれもよく似ているが、ナナフシモドキはほかの種にくらべ触角が短いのが特徴。

●顔くらべ
オニヤンマ p5
（鬼くらべ）

前足をのばした得意のポーズ

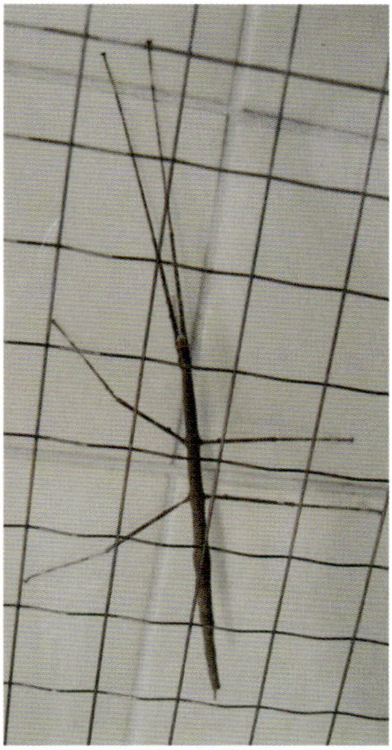

金網にも擬態？

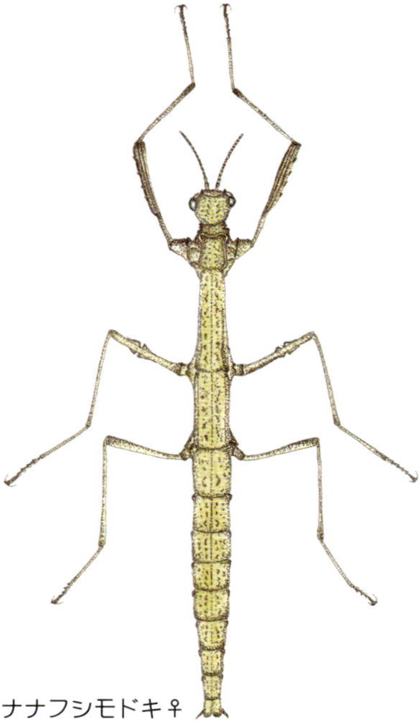

ナナフシモドキ♀

トゲアリ

肩をいからせた哲学者

トゲアリは都市の公園ではあまり見かけなくなりましたが、名前のとおり胸部に３対、腹部近くにも長い１対のトゲを持ち、いかにも怖そうで手を出しにくいアリですが、トゲに毒はありません。体長は7～9mm。眼は小さいのですが触角が長く、感覚器として充分に役立っていると思われます。肩のいかついトゲのわりには顔には特色がなく、むずかしそうな表情はちょっと哲学的に感じられます。胸部がトゲを含めて赤褐色で、ほかのアリとは一線を画《かく》しています。

普通のアリの多くは春から初夏にかけて、女王アリとオスアリが巣から飛び出して空中交尾をし、降り立った女王アリは羽を落とし、地上で新しい巣づくりをはじめますが、トゲアリは空中交尾後に朽《く》ち木の空洞の中などにあるクロオオアリの巣をおそい、女王をやっつけて強奪《ごうだつ》します。そして産んだ卵を残ったクロオオアリに育てさせます。やがてクロオオアリの寿命が来る頃にはトゲアリの働きアリも増え、乗っ取りが完了。このような行動を「一時的社会寄生」と呼びます。「肩をいからせた哲学者」のいささか非《ひ》情《じょう》な一面です。

エサをはこぶトゲアリ

巣の掃除をするトゲアリ

木肌をかじって蜜掘り

トゲアリの顔（働きアリ♀　成虫）

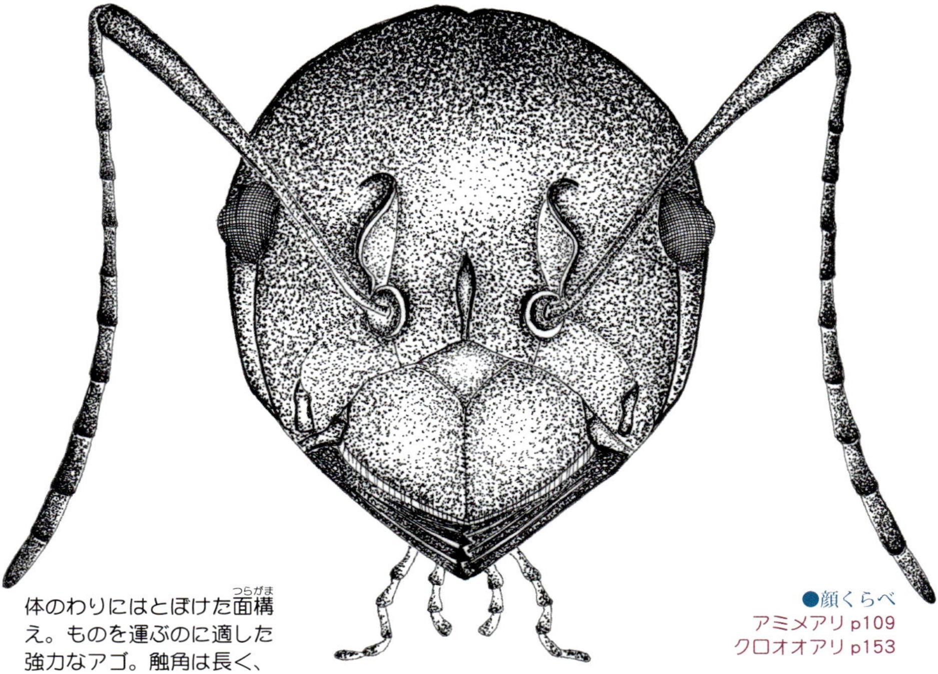

体のわりにはとぼけた面構《つらがま》え。ものを運ぶのに適した強力なアゴ。触角は長く、エサを探すセンサーとして地面をたたきながら歩く。

●顔くらべ
アミメアリ p109
クロオオアリ p153

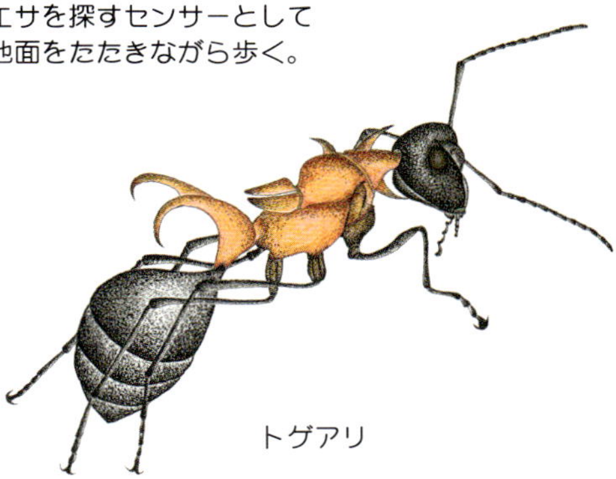

トゲアリ

蜜の受け渡し

オオゾウリムシに蜜をねだる

「あ、出てきた」

「おっとっと」

受け取り失敗

ミヤマアカネ　赤ら顔のお父さん

ミヤマアカネ♂

ミヤマアカネ♀

ミヤマアカネという名前から山のほうにいるように思われがちですが、平地にも普通に生活しているアカトンボの仲間です。4 枚の羽の中ほどに幅広い褐色の帯があり、ほかのアカトンボとの区別は容易です。成熟したオスの顔は、お酒でも飲んだのかなと思うほど見事な赤ら顔。眼は「トンボのメガネ」と童謡に歌われるように左右に大きく張り出し、首を傾けて頭をぐるぐるとよく動かします。顔の下のほうにはハエやヨコバイなどの小さな虫をバリバリと食べられるするどい歯が隠れています。

体長は 30 ～ 35mm。オスは成熟すると胴体もピンクがかったきれいな赤色になりますが、メスは成熟しても赤くはなりません。アカトンボ類の多くは幼虫が止水で育ちますが、アキアカネは水田の横を緩《ゆる》やかに流れる小川などに見られます。

ミヤマアカネ♀

ミヤマアカネ♂（Photo by Y. Hino）

ミヤマアカネの顔
（♂　成虫）

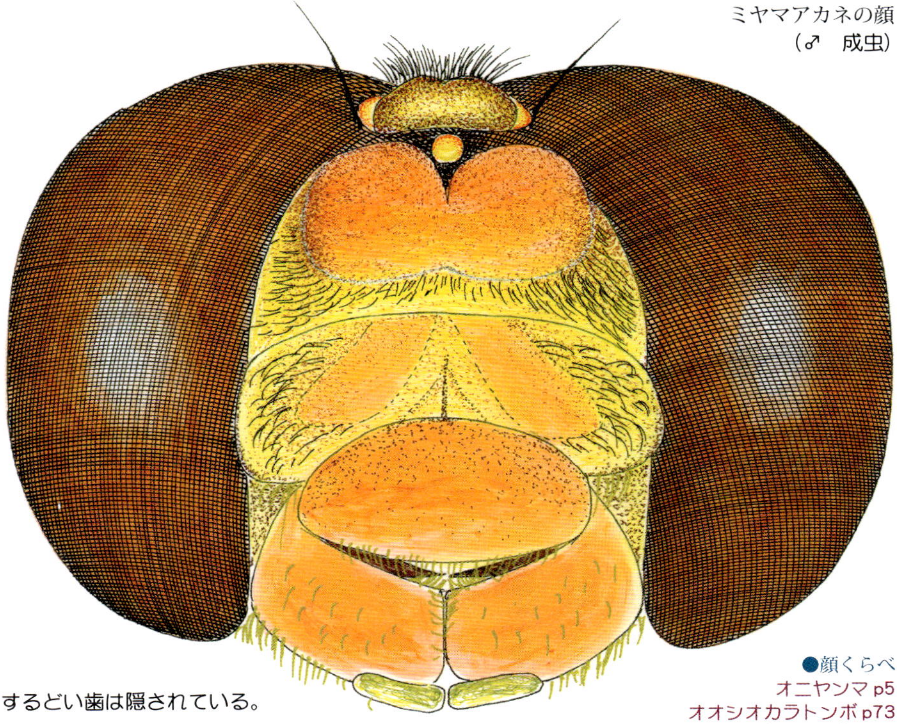

するどい歯は隠されている。

●顔くらべ
オニヤンマ p5
オオシオカラトンボ p73
ハラビロトンボ p141

ミヤマアカネ

トウキョウヒメハンミョウ　敏捷な道案内

一時期急速に関東地方に分布を広げた虫で、少し湿った赤土のあるところに多く暮らしています。長い足で背のびするような格好で、左右に張り出した複眼で四方をにらんでいるのを見かけます。エサの小昆虫を探しているのでしょう。獲物を見つけると大急ぎで駆けつけて、するどいノコギリ歯のついた何でもかみ砕《くだ》いてしまいそうな大アゴでガブリとくわえてしまいます。体長は20mmほど。

幼虫は赤土のかたい地面に穴を開け、自分の顔で穴にフタをするようにして中に潜《ひそ》み、震動で探っているのでしょうか、アリなどの虫がとおりかかるとガバッと体を乗り出して飛びつき、穴に引きずり込んで捕食します。成虫の動きも敏捷《びんしょう》で、人が近づくとすばやく前方へ前方へと飛び去ります。その姿からハンミョウ類には「ミチオシエ」という別称《べっしょう》もあります。足は蚊のように細長く、あまり歩いたりせずに羽を使って飛ぶことのほうが多いようです。

オスはメスを見つけてもすぐには交尾せずに、メスの体の上に乗って一緒に走り回っている様子が観察できます。

湿った赤土のあるところを好む。

トウキョウヒメハンミョウ

トウキョウヒメハンミョウの顔
（♀　成虫）

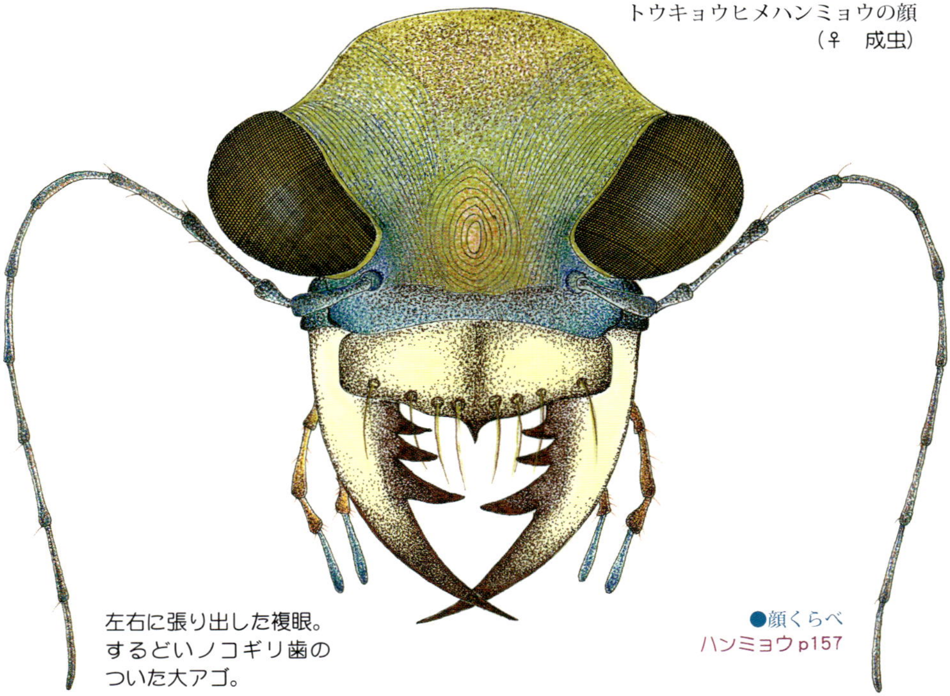

左右に張り出した複眼。
するどいノコギリ歯の
ついた大アゴ。

●顔くらべ
ハンミョウp157

地面に潜み獲物を待
ちかまえる幼虫。穴
から顔だけが見える。

♀の上に乗って一緒に走り回る♂

ナガメ　ヒゲじいさんのお面

体はカメムシ特有の体型ですが、黒とオレンジ色のシャープな感じのする配色が特徴です。尻を上にして逆さまにして見ると「ヒゲじいさんのお面」のようにも見えます。このデザインはおそらく外敵防止の役割を果たしているのでしょう。体長7～10mm。顔も同様に彩《いろど》られていますが、よく見ると割合スマートなおとなしそうな顔立ちです。

春にナノハナなどのアブラナ科の植物に群らがってつき、花や実の汁を吸う亀に似た虫ということからナガメ（菜亀）の名がついたといわれています。英名も「Cabbage bug＝キャベツにつく虫」といい、ほかにもダイコン、カブ、小松菜などのアブラナ科の野菜を好む害虫です。名前のとおり動作は亀のようににぶいのですが、危険が迫ると思いのほかすばやく飛び去っていきます。そして夏にはナズナ、コンロンソウなどの野生のアブラナ科植物に整然と2列に並べられた卵を見ることができます。

背中の模様がおもしろい。

顔も体と同じカラーリング。
（右2点・Photo by Y. Hino）

ナガメの顔
（♀　成虫）

オレンジ色に縁取られたスマートな顔。

●顔くらべ
アカスジキンカメムシ p119
エサキモンキツノカメムシ p165

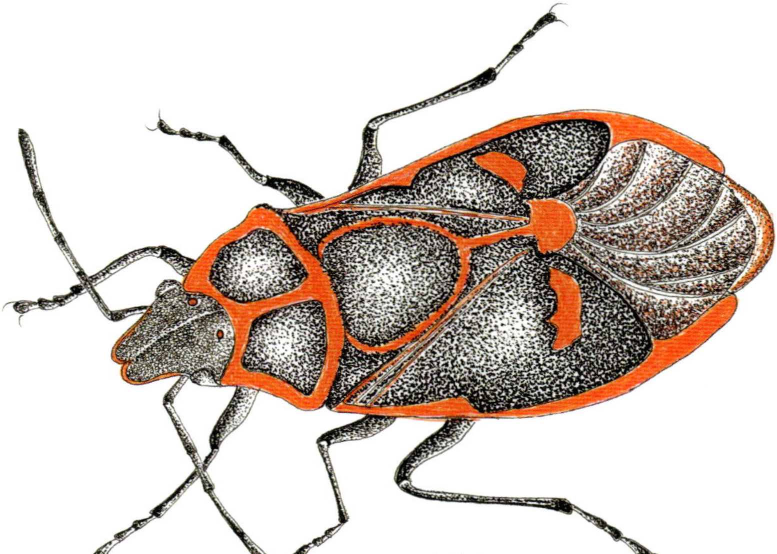

ナガメ

ホシホウジャク　カメレオンのようなガ

ギラリと光る猛禽類《もうきんるい》のような大きな眼とスラリとのびた触角。どことなく賢者《けんじゃ》のような顔です。この触角は飛行時は前へ、着陸時は後へとたたまれます。それとは逆に足を飛行時にたたむので、飛んでいる姿は鳥を思わせます。そしてこのカメレオンのような長い口吻《こうふん》。距《きょ》の長い花の奥にある蜜源を的確に探し出すだけではなく、距の短い花では口吻を上手に折り曲げて調節し、器用に吸蜜します。

ガでありながら昼間に敏捷《びんしょう》に飛び続け、ハチドリのようにホバリングしながら吸蜜します。ふらふらと飛ぶ夜行性のガと違い飛翔《ひしょう》能力は抜群で、1分間に300回近く羽ばたくことができるといわれています。同じスズメガ科のオオスカシバは羽が透明で体色が黄色と赤ですが、ホシホウジャクは体色が赤茶で羽の裏側がエンジ色。どちらもハチに擬態《ぎたい》しています。飛行時には目立ちますが、着陸すると一転して枯葉のような迷彩《めいさい》で身を隠します。こんなところもカメレオンのようです。体長は40～50mmほど。

足をたたんで飛ぶ

ホバリングしながら吸蜜。

枯葉のような迷彩。

ホシホウジャクの顔（♀　成虫　前から）

大きな眼と長い触角。
賢者のような面構《つらがま》え。

●顔くらべ
オオミズアオ p105
ビロードツリアブ p107
（口くらべ）

ホシホウジャクの顔（♀　成虫　横から）

長い口吻で花の奥の蜜源
に的確にアプローチ。

ホシホウジャク♀

オオスカシバ♀

ヒシバッタ

入れ墨のロングジャンパー

上から見た体型がひし形をしているのでこの名がついています。バッタの中でもかなり個性的な顔をしています。眼にもしま模様があり、顔中に入れ墨のような模様が入っています。体も入れ墨だらけで、その模様は100頭100様、おのおのが異なります。同じ模様が1頭もいないのは、鳥などの外敵から身を守るために長い歴史の中でつくり上げられた擬態《ぎたい》の一種と考えられます。そしてその見事な隠蔽色《いんぺいしょく》とともに、ヒシバッタには驚くべき危険回避能力があります。それは発達した太い後ろ足から生み出される、一瞬で視界から消えるほどの跳躍《ちょうやく》力です。ほかのバッタは羽を使って飛ぶことができますが、ヒシバッタは飛ばずに体長の100倍以上もの距離を跳ぶのです。

草地ならどこにでもいて、住宅地周辺にも多く見られます。豆粒のような小さな体ですが、この跳躍力と隠蔽色という防衛戦術によって繁栄を続けています。

100頭100様のヒシバッタ

ヒシバッタの顔
（♀　成虫）

体長は5～10mm足らず。ほかのバッタが嫌う湿り気のある場所にもすんでいる。

●顔くらべ
トノサマバッタ p85
ミカドフキバッタ p137
クルマバッタモドキ p175

おのおのの体の模様が異なる。明るめのところにすむものは体色も明るく、暗いところのものは黒っぽい。

マダラアシナガバエ　森の貴婦人

ハエは汚《きたな》らしいものという先入観があるかもしれませんが、このハエの姿をご覧ください。体長が5～6mmと小さいながら、金緑色に輝くエメラルドのような美しくスマートな体、足は細く長く、羽にもどことなく優雅な淡い斑紋《はんもん》があり、気品さえ感じるいでたちです。

顔はというと、複眼が大きく、単眼と感覚毛のある部分がコブのように突出しているので頭頂部が極端にへこんでいるように見えます。触角も長く、顔をはるかに飛び出すほどで、この触角と眼を動員すれば有力なセンサーとなるでしょう。

成虫は森の下草などの上をせわしなく歩き回って、小形のハエやユスリカなどを食べているといわれています。名前にハエがつきますが、アシナガバエ科はアブの仲間、逆にハナアブ科はハエの仲間です。でも、マダラアシナガバエの色合いはギンバエに、細く長い足や腹だけ見るとカにも似ていますね。

マダラアシナガバエ

交尾

マダラアシナガバエの顔
（♂　成虫）

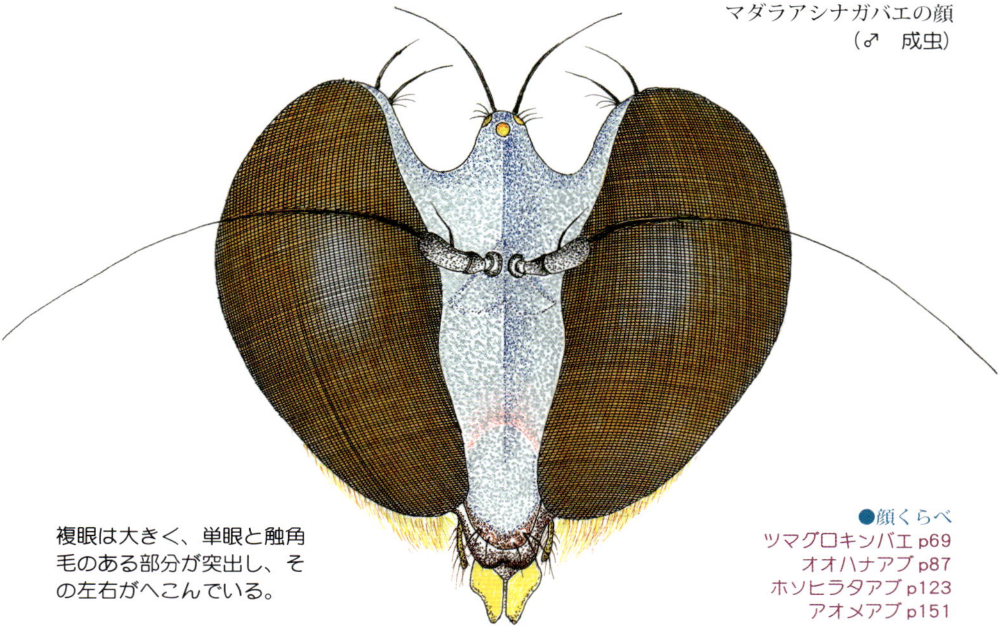

複眼は大きく、単眼と触角毛のある部分が突出し、その左右がへこんでいる。

●顔くらべ
ツマグロキンバエ p69
オオハナアブ p87
ホソヒラタアブ p123
アオメアブ p151

マダラアシナガバエ

ラミーカミキリ　かわいらしい美術品

美しいものの多いカミキリムシの中でも、淡い青緑白色と黒とのコントラストが個性的で素晴らしいデザイン。真珠のような光沢もあり、美術作品のようなカミキリムシです。前胸の背中側に2つの黒丸模様があり、ジャイアントパンダのようにも見えます。植物食のおとなしい性格が表れたおだやかな顔ですが、顔の形からエサをかむ力は強いと思われます。顔も同様の色彩ですが、口器《こうき》上部はエンジ色でこれは外敵への警告色なのでしょう。体長は25mmくらいで、体長とほぼ同じ長さの触角を持っています。

なんともかわいらしい名前ですが、江戸時代にイラクサ科のラミーという植物にくっついて日本へ上陸したのが由来だそうです。同じイラクサ科のカラムシやヤブマオ、アオイ科のムクゲなどの葉を食べて、茎の中に産卵します。東南アジア原産の暖かいところを好む昆虫ですが、本来温暖地を好むムクゲが広く植えられるようになって、ラミーカミキリも北上した可能性があります。

ラミーカミキリ
（左2点・Photo by Y. Hino）

ラミーカミキリの顔
（成虫）

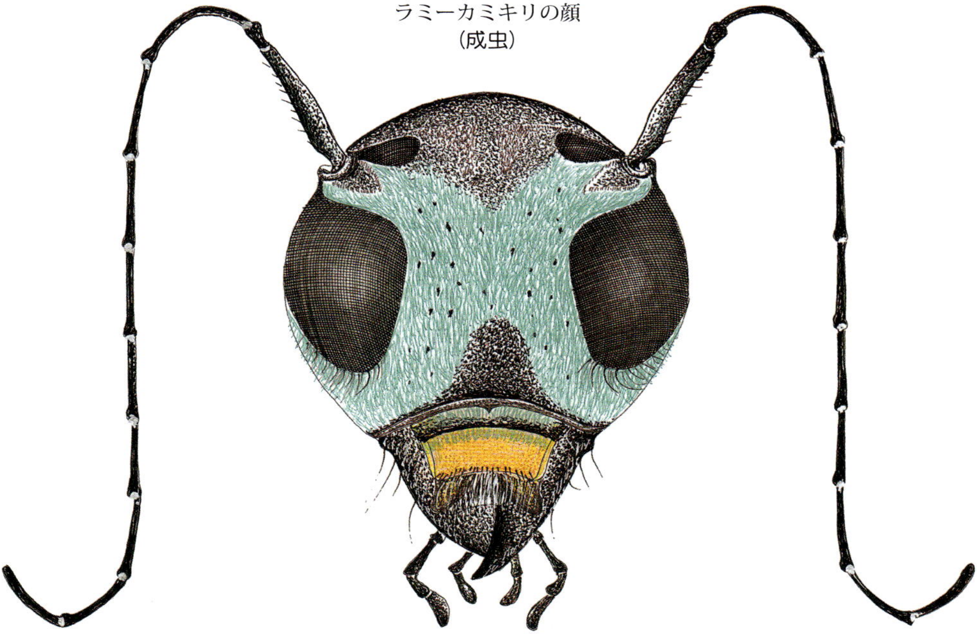

淡い青緑色から、ほぼ白色のものまで、体色に個体差がある。

●顔くらべ
ゴマダラカミキリ p15

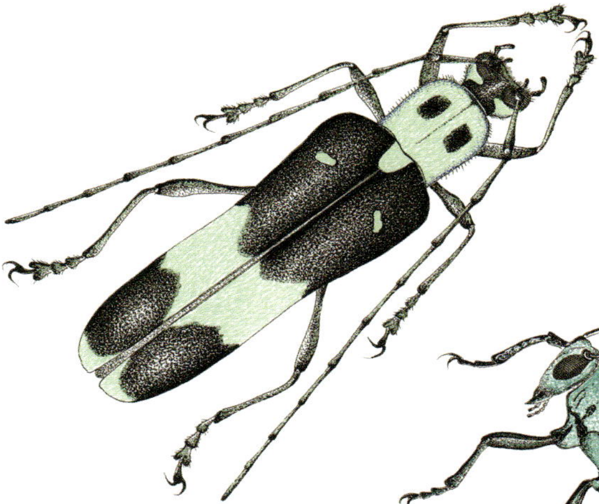

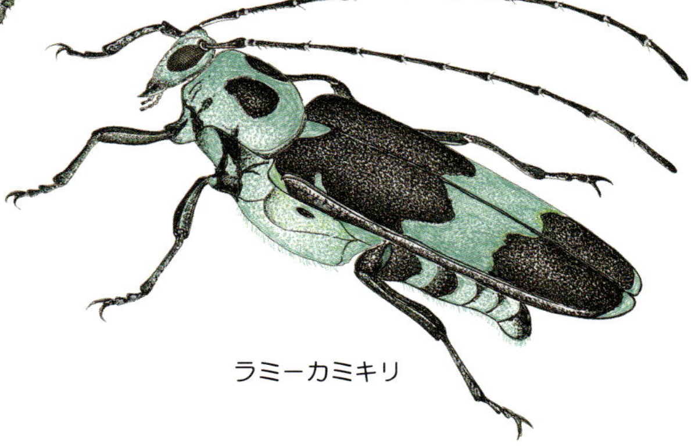

ラミーカミキリ

ナミヒメベッコウ

精悍な狩人

小さいながら精悍《せいかん》な顔つきです。触角は体のわりには細長くしなやか。体長は15mmほど。ベッコウバチの仲間はクモを狩り、泥の壺《つぼ》巣《す》をつくって子どもを育てますが、この細長い触角は獲物を探すセンサーとして、さらには壺巣建築の際のものさしとして重要な働きをします。ナミヒメベッコウが子どもに与えるエサはハエトリグモ類で、クモをつかまえて毒針《どくばり》で麻《ま》酔《すい》をかけて、運ぶのにじゃまな足を付け根から切り落としてしまいます。切り口から出る体液を自分で飲んでから、クモの尾端の糸イボをくわえてクモをまたぐ格好で巣まで運びます。

私が目撃した巣は、ハルジオンの葉裏に10個ほど並べてつくってありました。ひとつの壺の中には7～8頭のハエトリグモを入れてあり、産卵を終えると壺を閉じていました。泥の壁に守られ、豊富なエサがあり、いわば食事付きの優雅なカプセルホテルのような感じです。

泥の壺巣

クモを狩るナミヒメベッコウ

壺の中のエサ

クモの上の卵

ナミヒメベッコウの顔
（♀　成虫）

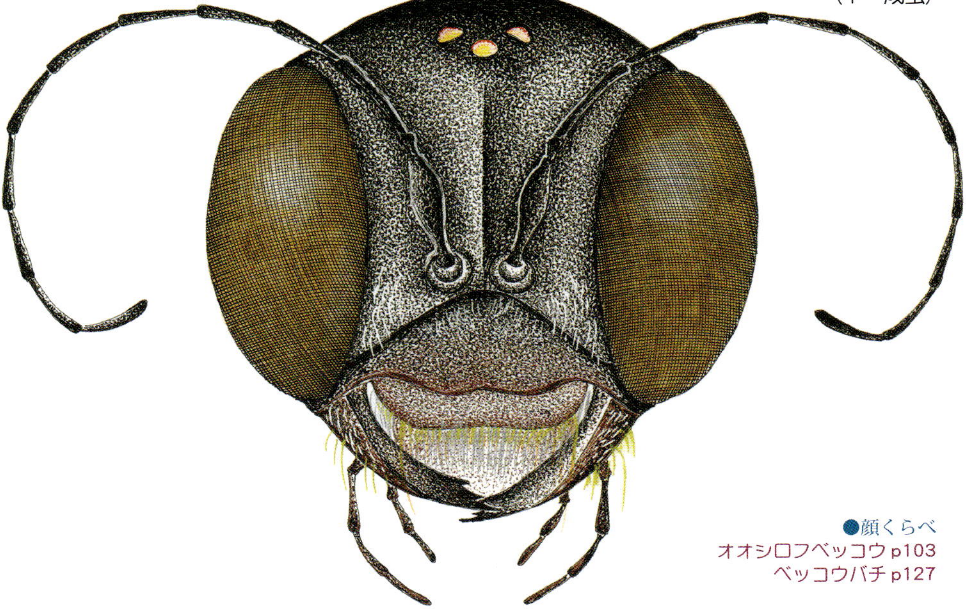

●顔くらべ
オオシロフベッコウ p103
ベッコウバチ p127

ナミヒメベッコウの卵が産みつけられたハエトリグモの一種。足が根元から切断されている。

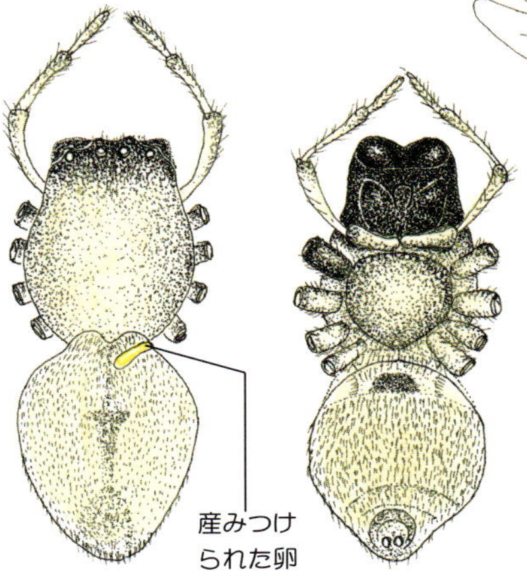

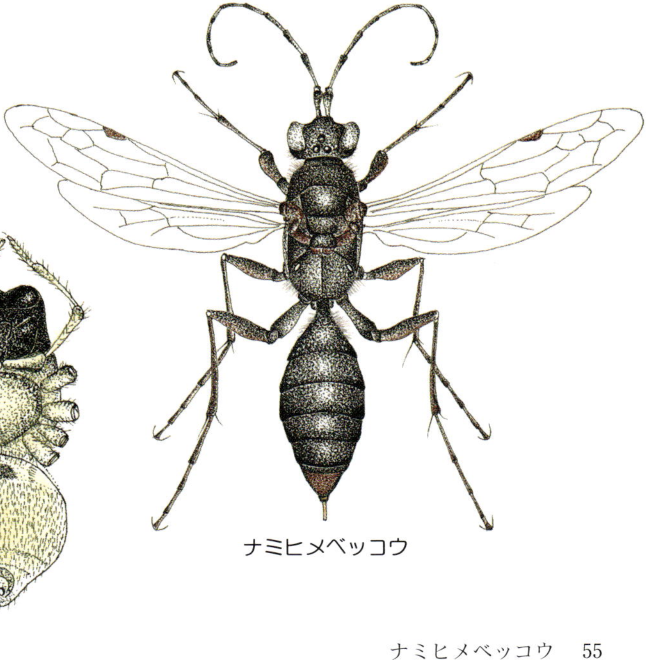

ナミヒメベッコウ

ニイニイゼミ　見事な迷彩

ニイニイゼミの顔は茶褐色と緑色、暗灰色がほどよく配色され、可憐《かれん》な感じがします。ほかのセミにくらべて前胸が横に広く、体長は羽の先までで30～35mmほど。後胸の顔のような模様も特徴のひとつです。やや丸っこい胴体も同様の配色で、透明の羽の模様も含め木《き》肌《はだ》そっくり。写真はウメの樹上で撮影しましたが、目の前にいたのに見過ごしたこともあり、見事なカムフラージュです。

小型のセミでウメやサクラなどの樹木に多く、比較的背の低い木でもよく見られます。ただ少しすみ場所にかたよりがあり、まるで見られない梅林もあります。6月頃から鳴きはじめ、「チーーー」と長く鳴く声があちらこちらからいっせいに聞こえると、迷彩《めいさい》のせいもありますが、なかなか姿を見つけるのはむずかしいものです。早期発生タイプなので、8月中旬頃に姿を消してしまいます。幼虫は土中で暮らし、終齢幼虫は大きな前足を持ち成虫同様丸っこいのが特徴です。そしてニイニイゼミの抜けがらは一目で判別できます。それは抜けがらがなぜかどれも泥だらけだからです。

ニイニイゼミ♂

木の汁を吸うニイニイゼミ。

なぜか泥だらけの抜けがら（Photo by Y. Hino）

ニイニイゼミの顔
（♂　成虫）

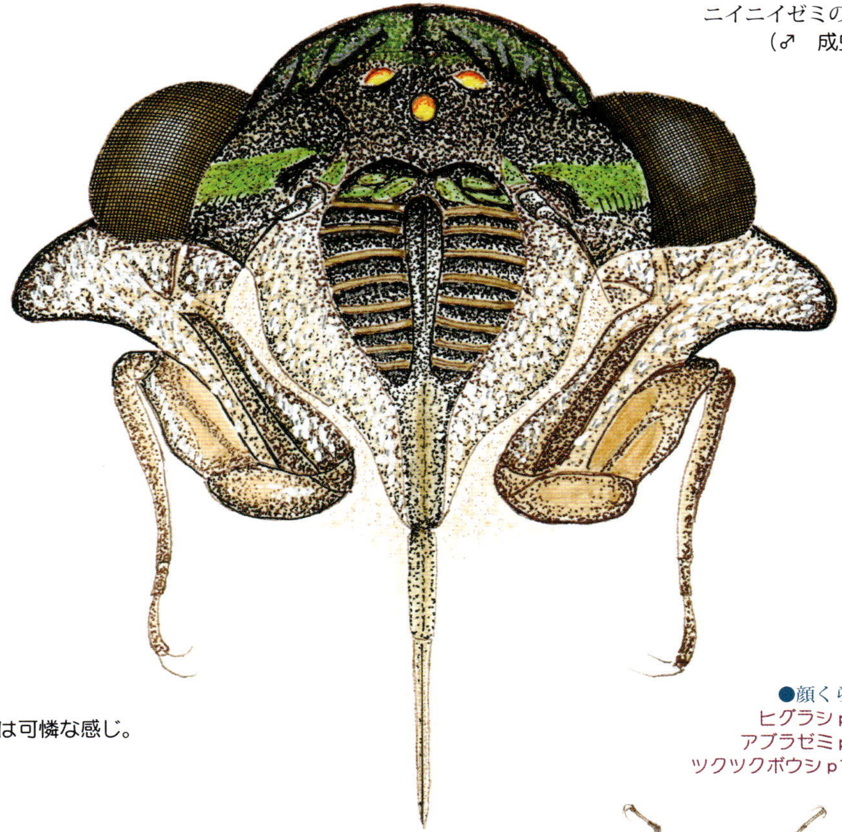

顔は可憐な感じ。

●顔くらべ
ヒグラシ p11
アブラゼミ p99
ツクツクボウシ p133

木肌に化けるニイニイゼミ。

ニイニイゼミ

ヒメシロコブゾウムシ　防戦一方の平和主義者

地球上でいちばん種類の多い虫はゾウムシ類だといわれています。ゾウムシ類には大きく分けて２つの系統の顔があり、ひとつは頭部先端が長い吻《ふん》として細く突き出ているもの、もうひとつはこのヒメシロコブゾウムシのように先端がコテのように平らになっているものです。こうした形の違いは食性や産卵などの生活史に関係があるようです。ヒメシロコブゾウムシはウド、タラノキ、シシウドなどの葉や枝について、それらの植物を食べています。体長は12～15mmほど。

メスは葉のすき間やくぼみ、または丸めた葉などに産卵しますが、長期多産型で食草からあまり離れずに暮らしています。羽はあっても退化していて飛行不能であることがその原因であると考えられます。動きもあまり機敏《きびん》とはいえず、おどかしてみるとポロリと葉から落下し死んだマネをします。ゾウムシはカブトムシなど甲虫の仲間なので、ヨロイカブトを持っているわりには好戦的ではなく、平和主義者といえるかもしれません。

ヒメシロコブゾウムシ♀

羽はあるが飛べない。

交尾

ヒメシロコブ
ゾウムシの顔
（♀　成虫）

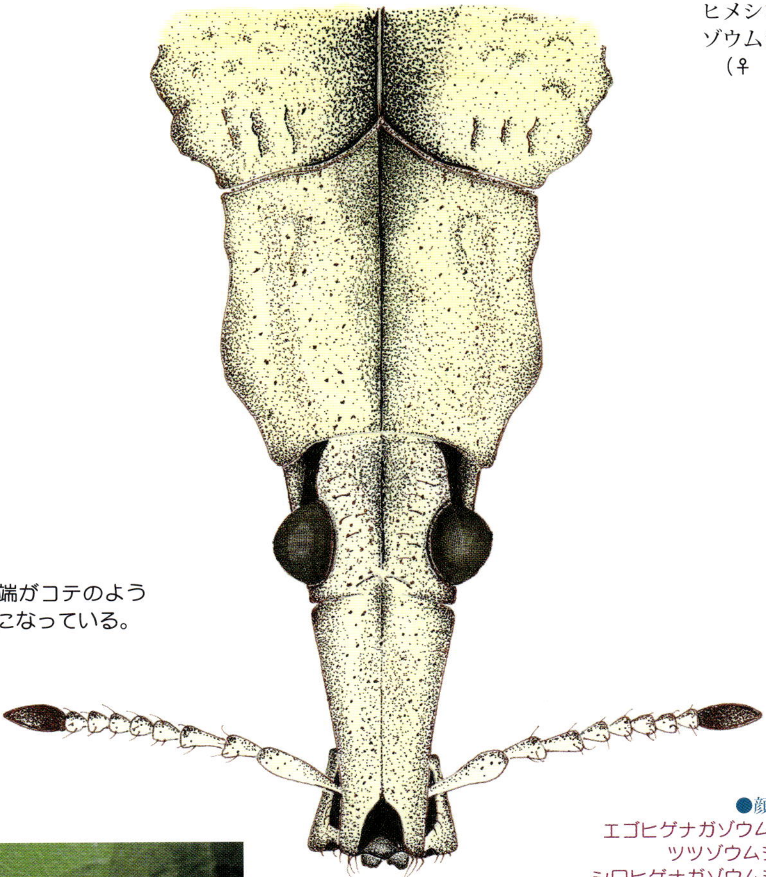

顔の先端がコテのように平らになっている。

●顔くらべ
エゴヒゲナガゾウムシ p29
ツツゾウムシ p101
シロヒゲナガゾウムシ p185

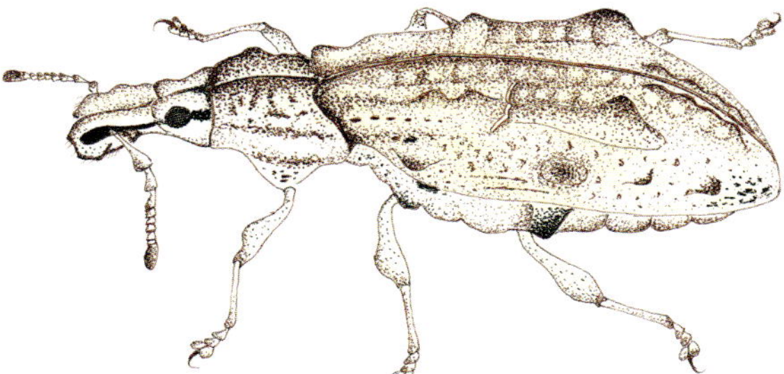

ヒメシロコブゾウムシ♀

コアシナガバチ　スタイル抜群のモデルさん

　このコアシナガバチのように、ハチ類の眼は作業中にも上のほうに気を配るためなのか、顔の上部のほうまでのびているものが多いようですが、触角付近は眼がくびれて細くなっています。触角の働きを優先して眼の形状が進化したのかもしれません。

　スズメバチと同じスズメバチ科なので、エサはほかの昆虫などを捕って肉団子《だんご》にしています。団子づくりから巣づくりまですべてを可能にする大きく丈夫なアゴを持っています。名前のとおりの長い足と腹部に特徴的な黒地に黄色と赤褐色のストライプがファッショナブルで、スタイルのいいモデルさんのようです。体長10 ～ 15mm。

　ある年、一頭の女王バチが雨の直接かからない軒下に巣づくりをはじめたので、その巣を観察しました。巣は一方向にだけ増築するため、だんだん横長の反り返った形になっていきます。よく見ると巣を支える柄の付近が黒っぽくなっています。これはアリなどの外敵除けの物質ではないかといわれています。巣には次第に新しい働きバチ（すべてメスだが産卵はしない）が増え、作業を分担するようになると、女王バチは産卵に専念《せんねん》します。そして夏が過ぎ秋が近づくと翌年の新女王バチとオスバチが出現し、旧女王は寿命がつきて働きバチの数も次第に少なくなり、巣の活動が終わりました。

肉団子をつくる
コアシナガバチ♀

増築中の巣。だんだん反り返ってきた。

コアシナガバチの顔
（働きバチ♀　成虫）

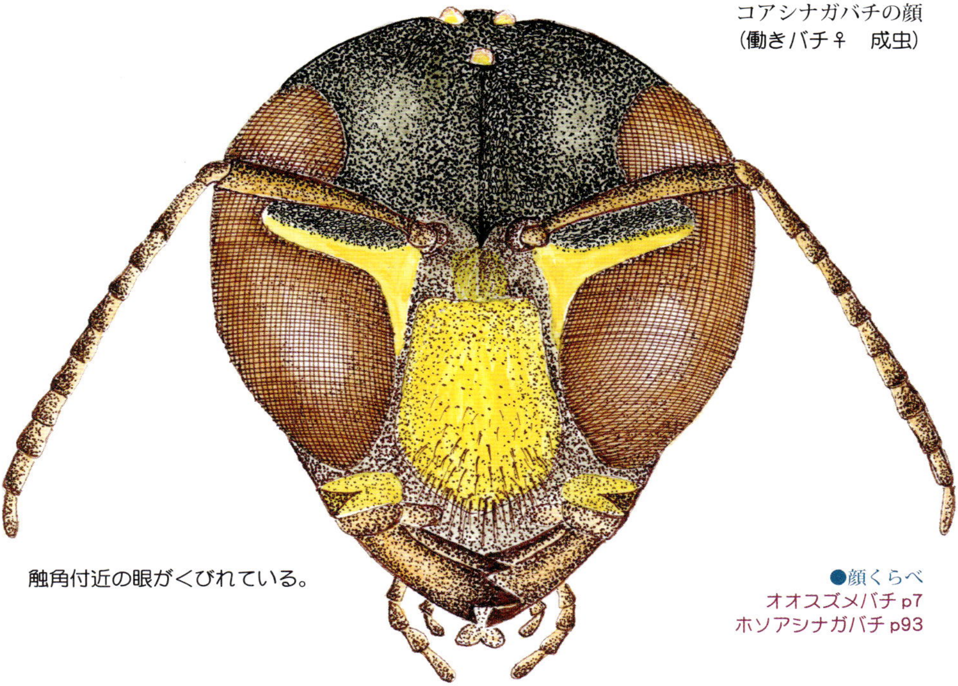

触角付近の眼がくびれている。

●顔くらべ
オオスズメバチ p7
ホソアシナガバチ p93

最盛期のコアシナガバチの巣。

アメリカミズアブ

便所バチ

体型は普通のアブですが、なんといっても眼に特徴があります。凹凸のある顔の三分の二は眼で、淡いピンクと紺色で彩《いろど》られているうえに、眼の中には役割はわかりませんが不思議な波状の模様が入っています。これでちゃんと見えているのか心配になりますが、近寄るとスッと飛び立つので視覚は正常のようです。触角の形も変わっていて、先端第三節が扁《へん》平《ぺい》でスプーンのようにへこんでます。

第二次世界大戦後、米軍の物資とともに移入された帰化昆虫で、有機物（生ごみ、人畜のフン、腐葉土《ふようど》など）が豊富なところに発生します。コウカアブなどとともに、戦後のくみ取り式便所や下水道のまわりに多かったので「ベンジョバチ」というあだ名もあります。体長は15～20mmほど。

アメリカミズアブ♀

アメリカミズアブ♀

不思議な模様の眼

交尾

アメリカミズアブの顔
（♀　成虫）

眼だけではなく、触角の形も変わっていて、先端第三節が扁平でへこんでいる。

●顔くらべ
ツマグロキンバエ p69
オオハナアブ p87
（眼くらべ）

アメリカミズアブ♀

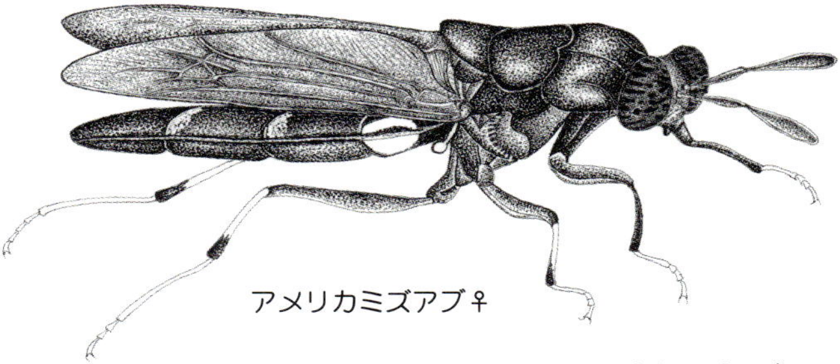

アメリカミズアブ♀

サワラハバチ　感度抜群のアンテナ

たくさんの虫の顔を見てきましたが、サワラハバチはその中でも特筆すべき顔です。オスの顔を見てください。触角が大きく、先端が枝分かれしてフサ状になり、毛が密生しています。オスは羽化《うか》したメスの出すフェロモンを逃さぬように、必ず風下から風上に向かって飛びつづけます。この触角はフェロモンを敏感に察知するための重要なアンテナなのです。オスたちは発見した１頭のメスへ殺到し、競争の勝者である幸運な１頭のオスのみが交尾することができます。フェロモンの放出がなくなるためか、交尾後のメスにはオスは寄りつかなくなります。また、幼虫はヒノキ科のサワラを食べます。成虫にもいちおう口器がついていますが、ほとんど食事をすることはないといわれています。

ハバチ類は原始的なハチの一群で、胸と腹が節に分かれておらずにつながっていますし、幼虫も植物の葉を食べるなど、普通のハチとはまったく違う道をたどってきたグループです。もともと大森林の中にいるはずのハチですが、都会ではスギとヒノキの混植地などで見かけます。

交尾

サワラハバチ♀

クモにおそわれる
サワラハバチ♂

サワラハバチの顔
（♂　成虫）

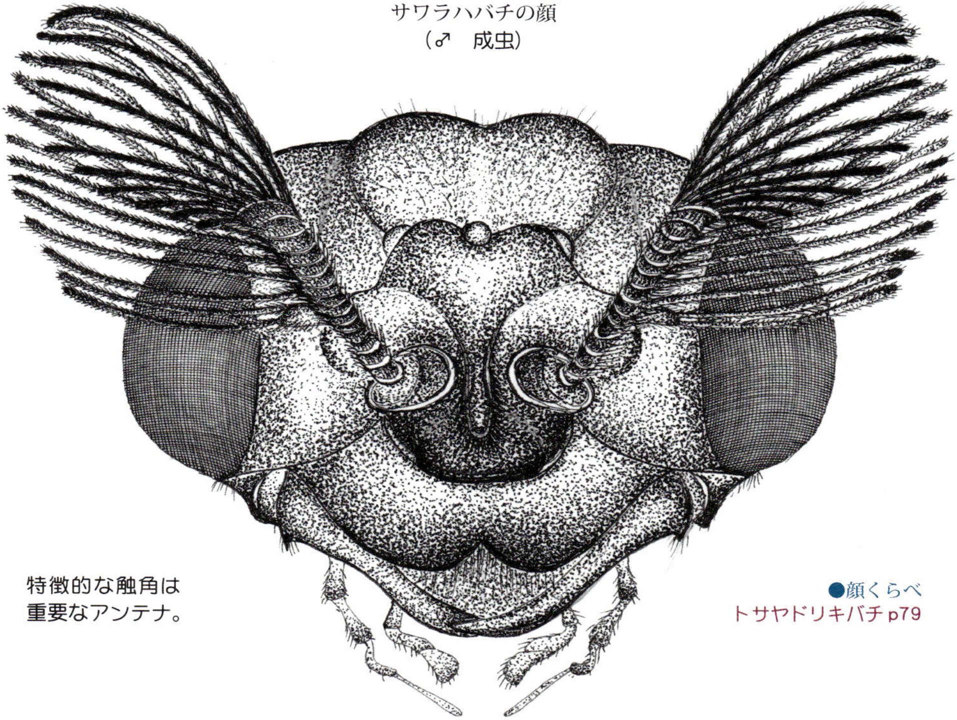

特徴的な触角は
重要なアンテナ。

●顔くらべ
トサヤドリキバチ p79

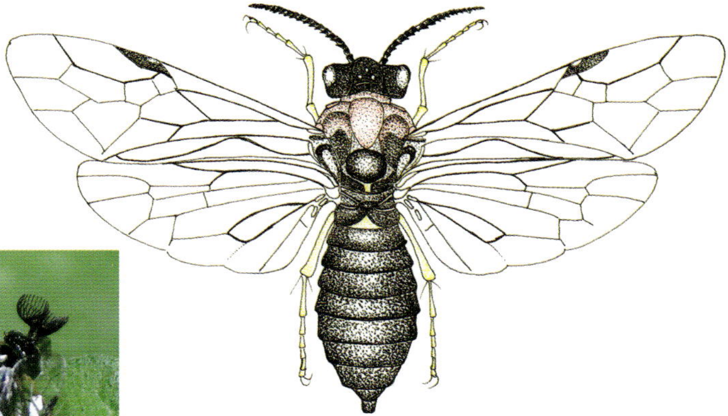

サワラハバチ♀

１頭の♀をめぐり、２頭の♂が
交尾しようと競争している。

ショウリョウバッタモドキ　草化けで危険回避

ショウリョウバッタモドキ♀（左）♂（右）

長い顔に角張った触角、たしかにショウリョウバッタによく似ていますが、じつはさまざまな違いがあります。体長はメスでは大きくてもせいぜい50mm程度で、100mmを超えるものもいるショウリョウバッタに比べて小型です。頭部のとがり方もかなり違います。ショウリョウバッタのオスは「キチキチキチ」と跳ぶときに音を発しますが、この種は出しません。色もショウリョウバッタは緑色ですが、これは背中が褐色で、全体褐色のものもいます。

ショウリョウバッタモドキはススキやチガヤなどイネ科植物の草地を好みます。跳躍《ちょうやく》力もあり、羽を広げてよく跳ぶのですが、外敵に驚くとススキなどの根元に体を半分以上入れ、首先だけを出し、触角、足などをすべてまっすぐにのばしてじっとしていることがあります。

深まった秋のススキは茶色を帯びていることが多く、それが体色と重なり、見事な擬態《ぎたい》になっています。イネ科の植物に体型を似せて、さらにはその季節の色までを表現しているのです。

どこにいるかわかりますか？

草化けするショウリョウバッタモドキ

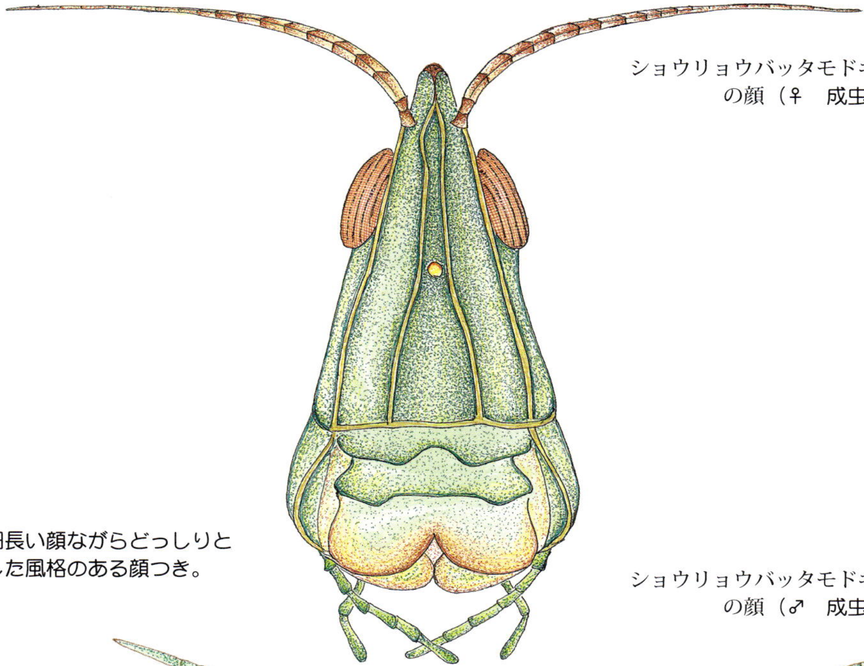

ショウリョウバッタモドキ
の顔（♀　成虫）

細長い顔ながらどっしりとした風格のある顔つき。

ショウリョウバッタモドキ
の顔（♂　成虫）

ショウリョウバッタモドキ♀

●顔くらべ
オンブバッタ p113
クビキリギス p167

ツマグロキンバエ　ストライプのサングラス

ツマグロキンバエ♂

　ツマグロキンバエもアメリカミズアブ同様、複眼に特徴があります。こちらはきれいなストライプです。そして防毒マスクを思わせるような口吻《こうふん》。花の奥にある蜜や花粉を効率よく取り込めるよう、自在に長くのびたり縮んだり、巧妙《こうみょう》な仕掛けになっているようです。羽の先端には「爪黒《つまぐろ》」という名前の由来にもなった黒い紋様《もんよう》があり、体表には毛穴のように見える細かい斑紋《はんもん》があります。複眼が接近しているのがオス、離れているのがメスのようです。花の上などの空中でホバリングし、着地してからは写真のように羽を折りたたみます。ツマグロキンバエは低温に強く、ライバルの少ない冬でも小さな花から吸蜜しているのを見かけます。

梅花に蜜を吸うツマグロキンバエ♀

ツマグロキンバエの顔
（♀　成虫）

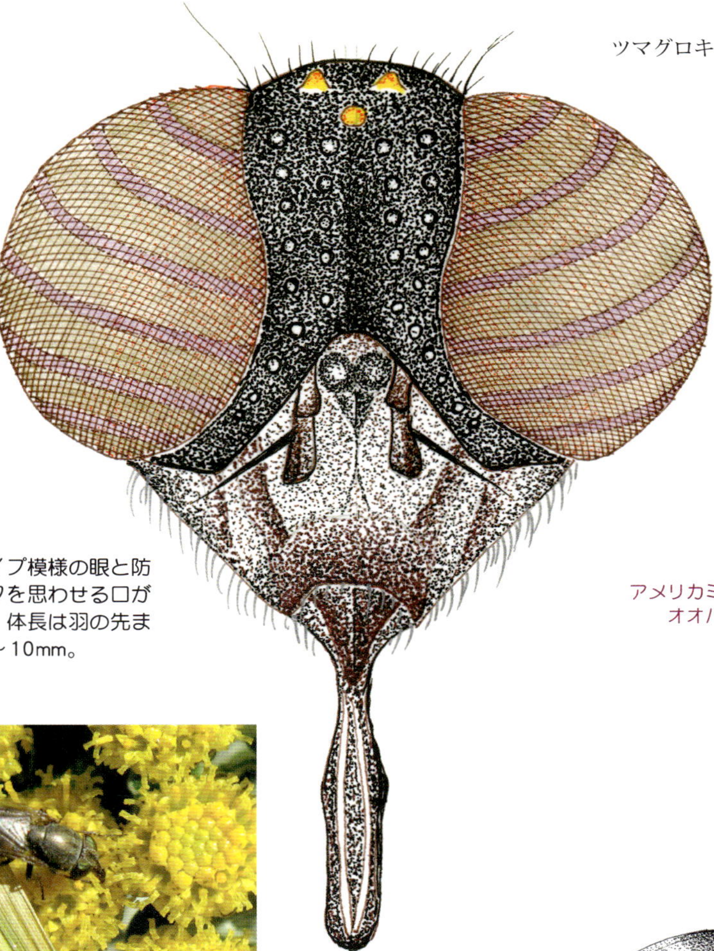

ストライプ模様の眼と防毒マスクを思わせる口が印象的。体長は羽の先までで７～10mm。

●顔くらべ
アメリカミズアブ p63
オオハナアブ p87
（眼くらべ）

ツマグロキンバエ♀

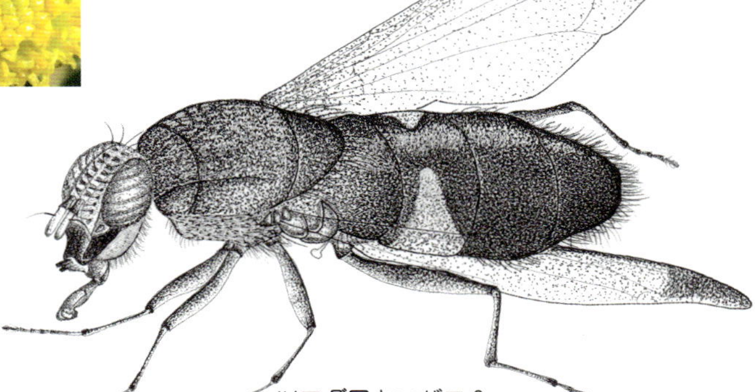

ツマグロキンバエ♀

クロカナブン　黒いヨロイ武者はちょっと臭い

緑色に光るカナブンとともに、後ろ足を浮かせながら夢中に樹液を吸うクロカナブン。

クロカナブンは体長25～28mm、カナブンの中でも大きい方で、体は黒くて光沢があり、カナブン特有の四角い顔ですが、先端周辺が少し上向きに反り返っています。触角はやや大きく、アゴは短く、歯も退化しているのですが、ブラシ状の毛が密生していて、樹液を上手に吸汁できるつくりになっています。クヌギやコナラの樹液にはたくさんの虫が集まりますが、押し合いへし合いしながらもおのおののテリトリーを守り、よい場所を確保しながら食事する姿が見られます。クロカナブンも四角い頭を利用して、樹液の出るくぼみに顔をつっこみ、吸汁しています。

昼行性で夜灯火に飛んでくることはないようです。カブトムシやカミキリムシなどとはちがって、かたい前羽が開かず後ろ羽上羽外縁のくびれた部分から真っ黒な羽を出し、上羽は閉じたまま飛びます。それとつかまえるととても臭いのも特徴です。近年個体数が減っていて、いくつかの県では準《じゅん》絶滅《ぜつめつ》危《き》惧《ぐ》種になっています。

ガやヨツボシオオキスイと同席

われ先にと首をつっこむ

クロカナブンの顔（♀　成虫）

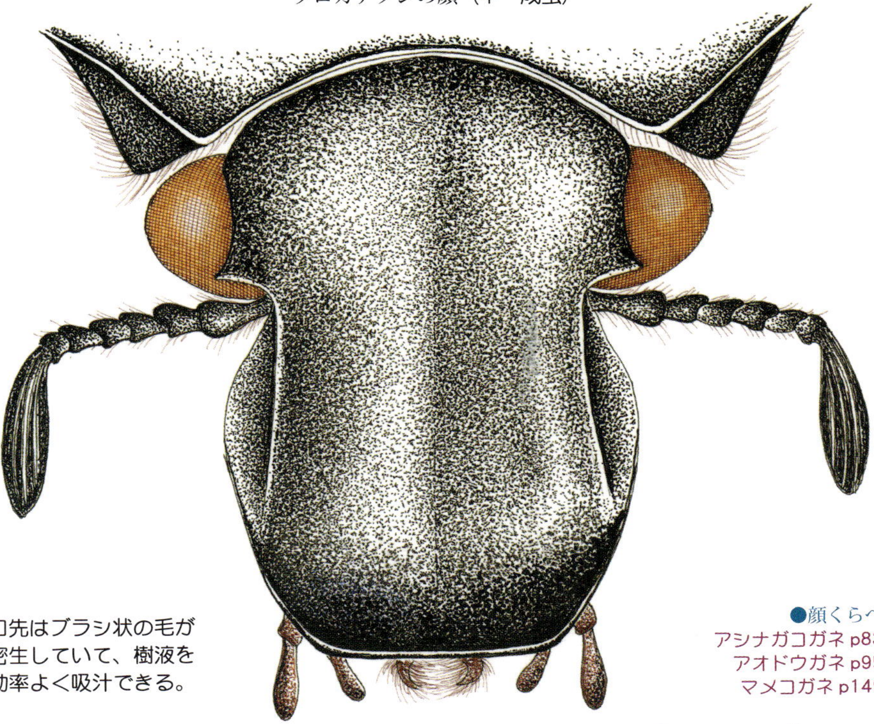

口先はブラシ状の毛が密生していて、樹液を効率よく吸汁できる。

●顔くらべ
アシナガコガネ p83
アオドウガネ p95
マメコガネ p149

樹液を吸うクロカナブン。木に突き刺さったように見える。

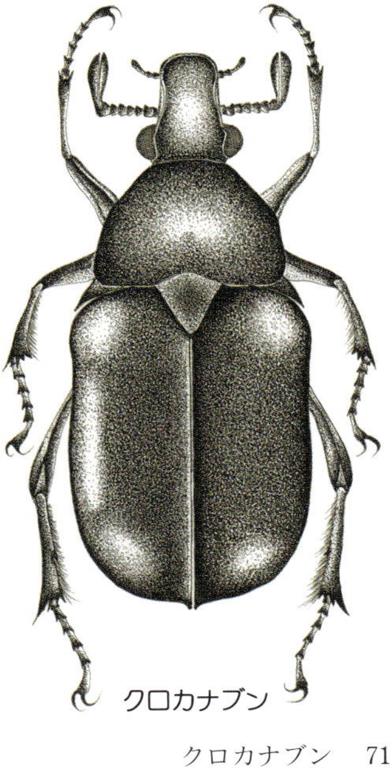

クロカナブン

オオシオカラトンボ　女性をエスコート

市街地には少ないようですが、公園でもあれば日本中どこでも普通に見られます。オスの顔は全体的に黒っぽく、見かたによってはちょっとアクの強さが鼻につきますが、よく見ると眼は大きくて触角も長く、アゴの力も強そうで生活力旺《おう》盛《せい》な顔立ちに見えます。さらによく見ると微妙な模様があちこちにあり、個性的な美しさもそなえています。顔は黒いのに、体は青白色、ちょっと白粉《おしろい》でも塗ったように白っぽくて端正《たんせい》でもあります。

メスが産卵するとき、オスがその頭上を飛びながらガードする姿が見られ、オスの優しさの現れのようにいわれますが、ほんとうのところは自分の縄張《なわば》りを守りながらほかのオスにメスを奪われないように見張っているのです。

オスの体長は50〜60mmほど。オスにくらべると、メスの体色は黄色でムギワラトンボ（シオカラトンボのメスの別《べっ》称《しょう》）に似ていますが、ひとまわり大柄で、羽の付け根が茶褐色に染まり、尾の先端が黒っぽいのが目立ちます。どちらかというと、木立の多い少し暗い環境を好むようですが、小さな池でもあれば、5〜11月まで観察することができます。

オオシオカラトンボ♀

オオシオカラトンボ♀

オオシオカラトンボ♂

オオシオカラトンボの顔
（♂　成虫）

●顔くらべ
オニヤンマ p5
ミヤマアカネ p41
ハラビロトンボ p141

交尾

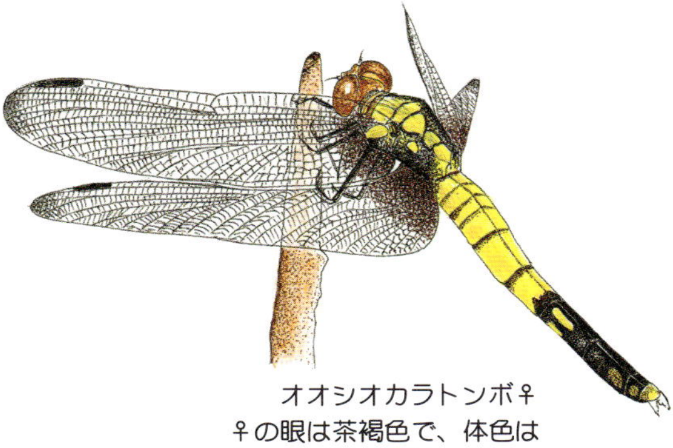

オオシオカラトンボ♀
♀の眼は茶褐色で、体色は
黄色、尾端に黒状紋がある。

キチョウ　意外な強さを秘めるチョウ

チョウの顔というのは種類ごとに大きな差はないのですが、正面から見ると「へぇ、こんな顔してるんだ」と驚かれるのではないでしょうか。眼は体同様黄色。顔の真ん中に吸蜜用の管《くだ》がらせん状に巻いて収納され、それを茶褐色のふたが守り、その上部から触角がのびています。近縁のモンキチョウはキチョウよりもひとまわり大きくて、羽の中央に丸い斑紋《はんもん》が目立ちます。

キチョウには夏型と秋型があるそうで、羽の紋様《もんよう》も季節ごとに微妙に変化して、黒点の位置が異なります。秋型でよく眼にするのが、大好きなアザミの花の蜜を吸っているところです。幼虫の食草はハギやネムノキなどマメ科の植物で、親はこれらの若葉に産卵します。小さめで飛ぶ姿もちょっと弱々しいチョウなのですが、意外な強さを秘めています。秋型のキチョウは成虫で越冬し、春にまた活動をはじめるのです。一方、モンキチョウは幼虫で、モンシロチョウはサナギで越冬します。キチョウは一年を通じて成虫を見ることができるチョウなのです。

キチョウ♂　秋型

キチョウ♂　夏型

キチョウの顔（♀　成虫）

年５～６回発生し、季節による斑紋変化が多い。♂は湿地に集団で吸水しにくることがある。

●顔くらべ
カラスアゲハ p121
ゴマダラチョウ p147

産卵

眠っているキチョウ

羽化直前のサナギ

キチョウ♂　秋型
とアザミ

スケバハゴロモ

虹色に輝く幼虫

スケバハゴロモ成虫と幼虫

透明の羽を持つことからつけられた名前です。広い意味でのセミの仲間で、木や草の汁を吸うためにセミと同様、吸汁管は長くするどくなっています。左右に出っ張った眼と申し訳なさそうに下を向いた触角がどことなく笑いを誘う顔ですが、一瞬にして姿をくらますようなすばやい外敵反応を示し、なかなかするどい感覚の持ち主です。ただし、あまり長距離は飛べないようです。体長は10mmほど。

幼虫は腹の先端から白い毛を生やし、まるで渓流釣りの毛《け》鉤《ばり》のような外観です。外敵が近寄るとこれを使ってパラシュートのように落下して逃げます。毛は蠟《ろう》状《じょう》物質でできているため、太陽光が当たると反射してきらきらと虹色に輝き、一見に値する美しさです。

幼虫横顔

スケバハゴロモ♀

スケバハゴロモの顔
（♀　成虫）

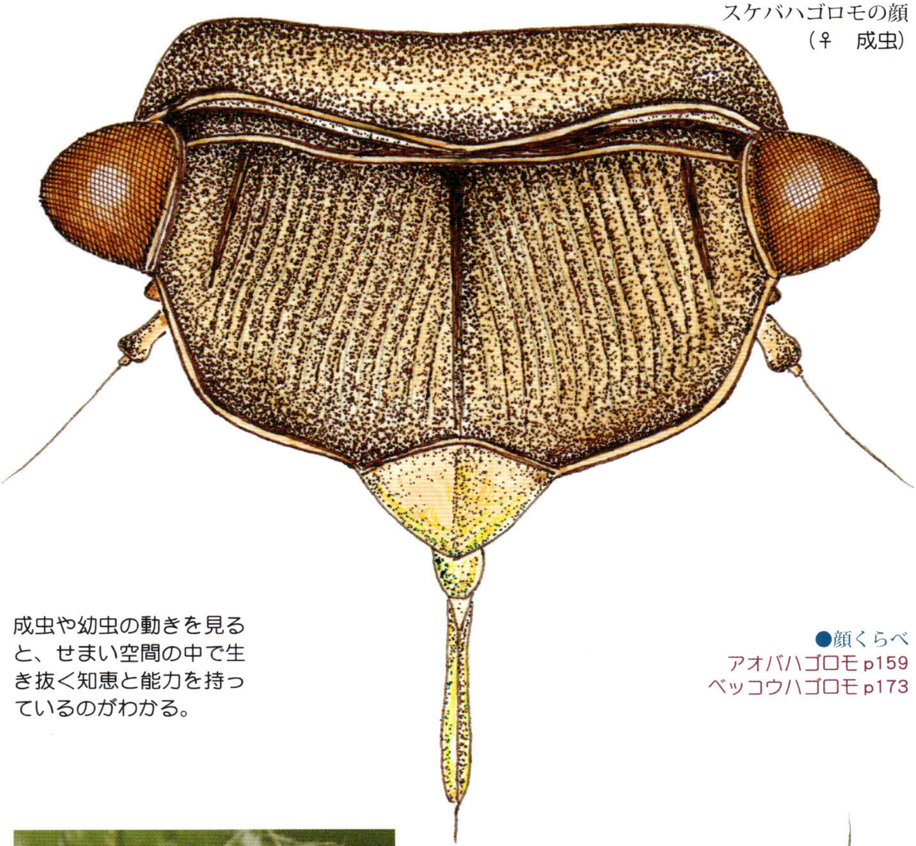

成虫や幼虫の動きを見ると、せまい空間の中で生き抜く知恵と能力を持っているのがわかる。

●顔くらべ
アオバハゴロモ p159
ベッコウハゴロモ p173

虹色に輝く幼虫

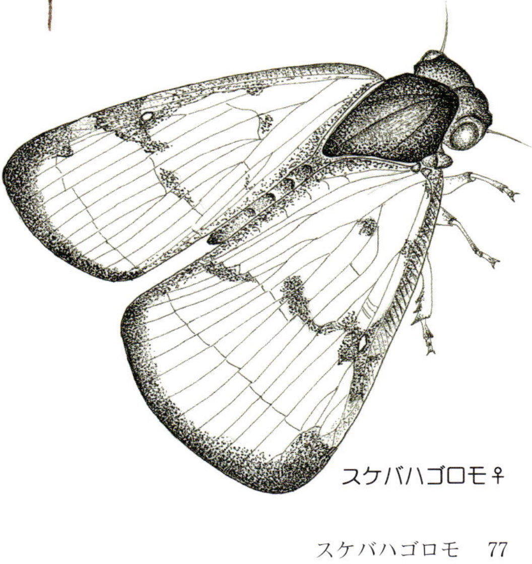

スケバハゴロモ♀

トサヤドリキバチ

どじょうヒゲの大仏様

どじょうヒゲのような無骨《ぶこつ》に出た太い触角。ハチの仲間では珍しく眼の下から下向きに生えていて、その先端はキュッと細くなっています。キバチ類はコナラなどの枯木の中にいる小型甲虫の幼虫に寄生しますが、トサヤドリキバチの産卵管はほかの寄生バチにくらべるととても短く、この触角の先端にある繊細なセンサーを駆使して樹皮下にいる甲虫の幼虫を的確に探し出さなければならないのです。そしてひたいには単眼が1個。まるで大仏様のような顔立ちです。体長7〜10mm。

交尾前にはおもしろい光景が見られます。サナギから羽化してようやく穴から出てくるメスを、気の早い数頭のオスが今か今かと穴を囲んで待ちかまえているのです。出てきたメスを奪い合い、その幸運な勝者のみがゴールインできます。

産卵するトサヤドリキバチ♀

穴から出てくる♀を待つ♂たち

トサヤドリキバチの顔
（♀　成虫）

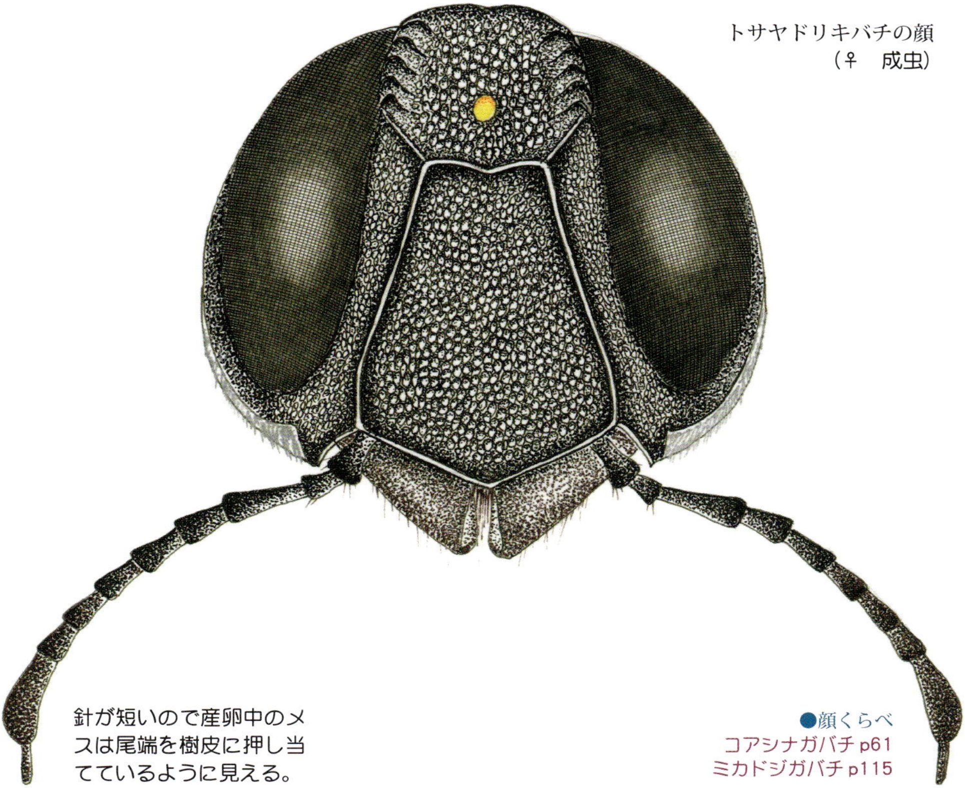

針が短いので産卵中のメスは尾端を樹皮に押し当てているように見える。

●顔くらべ
コアシナガバチ p61
ミカドジガバチ p115

産卵中の2頭の♀

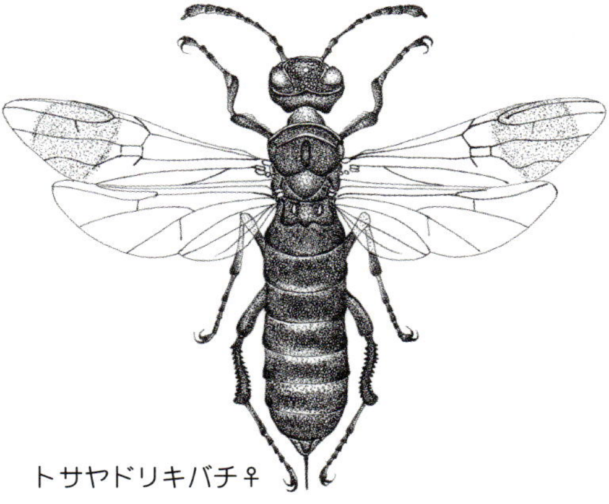

トサヤドリキバチ♀

ウスバカゲロウ　悪童も成長すれば優等生

成虫の顔は物静かな優等生タイプ。顔の上半分は茶褐色、下半分は黄色で大アゴは少し小さいけれど、エサをかみ砕《くだ》くのに適した強うそうな歯です。触角も細い体にしては長く、一見するとトンボのようですが、飛び方がヒラヒラしているので、すぐにちがうことがわかります。成虫は昼間でもやや暗い木の下の日陰あたりにじっとしています。体長は35mmほど。

ウスバカゲロウの幼虫はよく知られたアリジゴクです。雨のかからない日陰の乾いたサラサラの土に、すり鉢状の穴をつくります。試しにつかまえた幼虫を土の上に置いてみると、くるくる回って穴を掘り進んでいきます。前へは歩けない形態になっているのです。すり鉢状の穴に獲物の虫が落ちるとズルズルと砂が落ち、さらに中心に潜《ひそ》んでいる幼虫がパッパッと砂を浴びせるため、獲物の虫ははい上がれずに落下してしまいます。落ちてきた虫は幼虫の大アゴではさまれて体液を吸われ、カラカラになると巣の外へと投げ捨てられてしまいます。

成長したアリジゴクは穴の中で繭《まゆ》をつくりサナギになり、その後、羽化してウスバカゲロウの成虫になるのですが、サナギの皮を脱ぎ、羽が乾いてのびはじめたときに、ツヤツヤした粒のようなフンをひとつ出します。幼虫時代にため込んだ宿便を排泄《はいせつ》するのです。獲物の体液を吸って成長するアリジゴクから、優等生タイプの成虫へと変身する不思議議な生活を送るのがウスバカゲロウなのです。

ウスバカゲロウ

アリジゴクの穴

ウスバカゲロウの顔
（成虫）

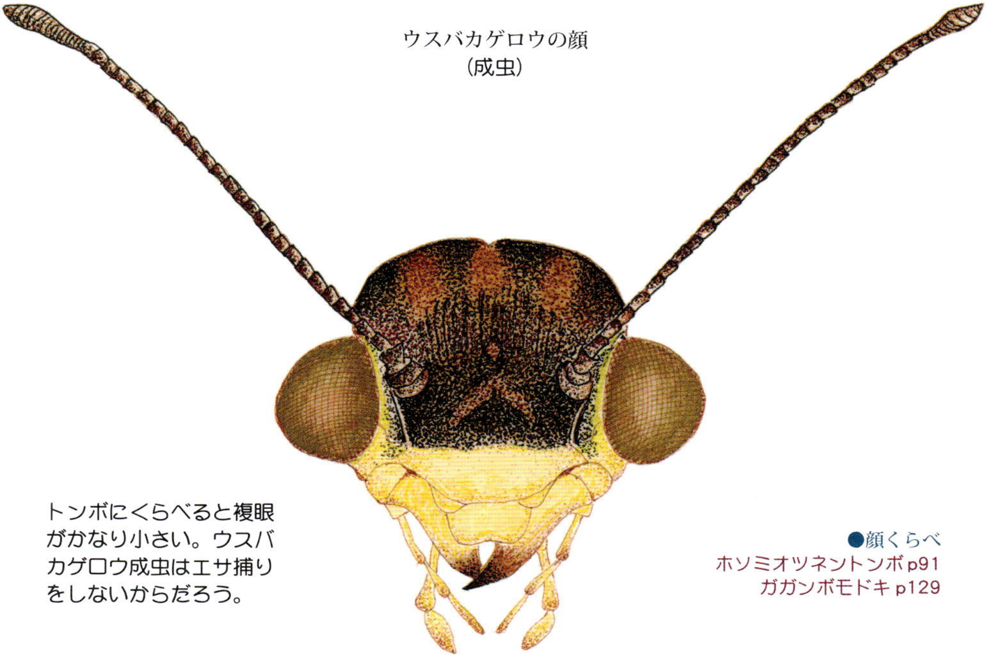

トンボにくらべると複眼がかなり小さい。ウスバカゲロウ成虫はエサ捕りをしないからだろう。

●顔くらべ
ホソミオツネントンボp91
ガガンボモドキ p129

羽を広げたウスバカゲロウ

ウスバカゲロウの顔
（幼虫）

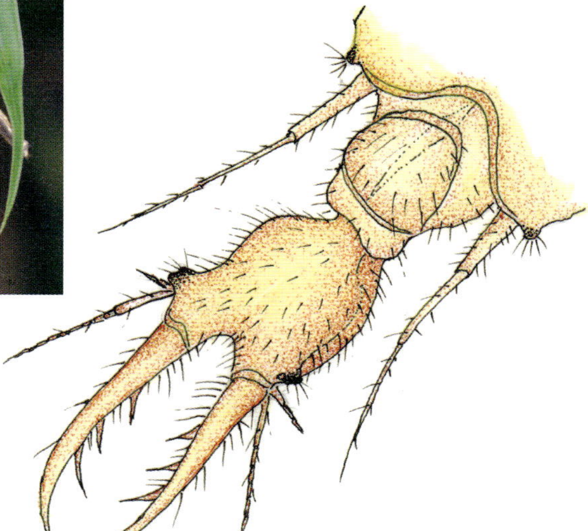

アシナガコガネ おっちょこちょいなお坊ちゃま

コガネムシ特有の先端に丸みのある顔で、少しのんびりした動作も相まって、愛嬌《あいきょう》のある「お坊ちゃま」タイプです。体は少し古びたビロードのような印象。関東地方ではやや光沢のある淡黄緑色の細かな鱗片《りんぺん》におおわれている個体が多く見られ、地域によっては黒い斑紋《はんもん》があるものもいて個体差が大きいようです。名前のとおり、コガネムシの中では後足が極端に長いのが特徴になっています。体長6～9mm。触角の先端が枝分かれしていて、感覚はするどく、外敵への対応力も高そうです。5月頃から活動し、成虫は昼行性でクリやノリウツギなどの樹木の花や、花だんの白や黄色の花に群がります。密集して花粉や花弁をむさぼり食うので、木の花が丸坊主になることもあります。単純に白色に誘引《ゆういん》されるようで、洗濯物や白い車にも群がることもあり、どうやらちょっと「おっちょこちょい」のようです。

アシナガコガネ♀

交尾

アシナガコガネの顔
（♀　成虫）

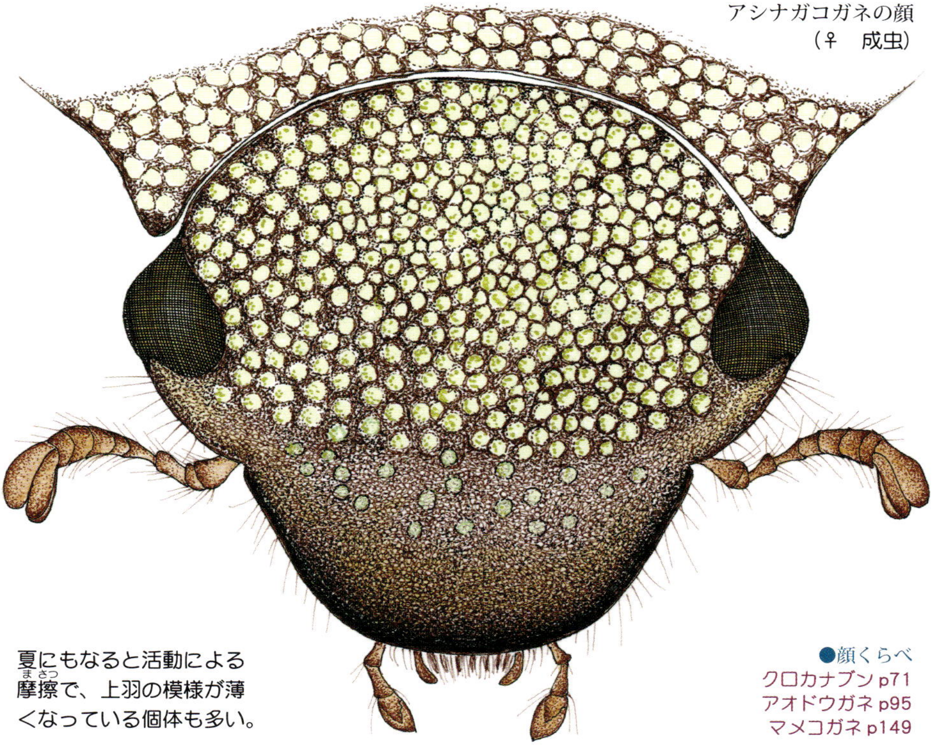

夏にもなると活動による摩《ま》擦《さつ》で、上羽の模様が薄くなっている個体も多い。

●顔くらべ
クロカナブン p71
アオドウガネ p95
マメコガネ p149

アシナガコガネ

アシナガコガネ♀

トノサマバッタ

農民の味方のお殿様？

ちょっととぼけた優しそうな顔です。「農民の味方のお殿様」といった感じでしょうか。複眼が割合小さく、単眼は正面にひとつ、そして触角の脇に左右ひとつずつついています。

トノサマバッタはところどころ地面がのぞくような河原などの草地に生息し、イネ科の植物を食べて割合のんびり暮らしています。ところがひと所での個体密度が増え、食草が不足すると大変身して、食物を求めて長距離を飛べるように羽が長くなり、体は褐色がかりスマートになります。普通のトノサマバッタを「孤独相《こどくそう》」と呼ぶのに対し、このようなトノサマバッタを「群生相《ぐんせいそう》」と呼び、「群生相」のトノサマバッタが大発生すると、遠くまで大群で飛来してそこの緑を食べつくしたり、農作物に被害が出たりして大ニュースになります。古来中国では「飛蝗《ひこう》」と呼ばれて、飢饉《ききん》を引き起こす災害として恐れられていました。

体長は35～60mm、緑色型と褐色型（下）の2つのタイプがある。（下・Photo by Y. Hino）

♂（上）より♀の方が大きい（Photo by Y. Hino）

トノサマバッタの顔（♀　成虫）

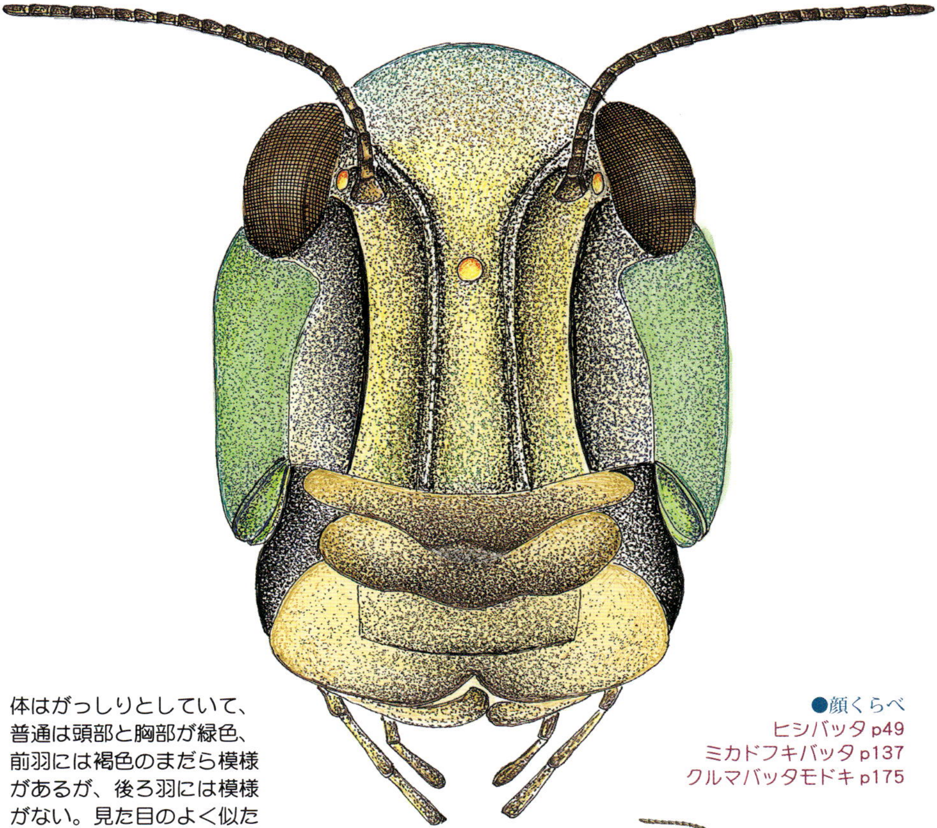

体はがっしりとしていて、普通は頭部と胸部が緑色、前羽には褐色のまだら模様があるが、後ろ羽には模様がない。見た目のよく似たクルマバッタの後ろ羽には、飛ぶ姿を後方から見ると円形に目立つ模様があるが、トノサマバッタにはそれがないので判別の助けになる。

●顔くらべ
ヒシバッタ p49
ミカドフキバッタ p137
クルマバッタモドキ p175

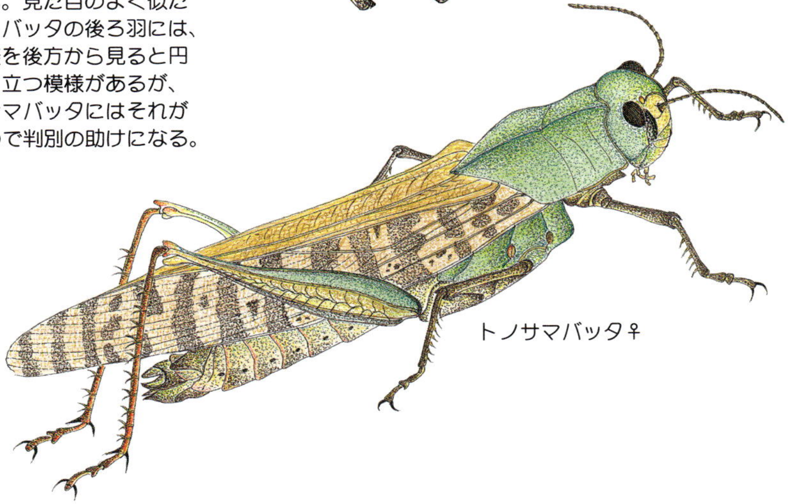

トノサマバッタ♀

オオハナアブ
無愛想な大食漢

オオハナアブ

ツマグロキンバエのようなしま模様の眼が特徴的な丸顔で、体も丸っこいのですが、どことなく無愛想《ぶあいそう》な感じがします。春早くから秋おそくまで花の上を飛びまわり、見たところのんびりと吸蜜していますが、食欲は旺盛《おうせい》のようです。蜜源にできるだけ深く差し込んで吸蜜できるように舌は長く、触角には白毛を密生し敏感な反射神経を持っています。体長は12～16mm。ハナアブ類はどれも明らかにハチに擬態《ぎたい》していますが、オオハナアブは黒と黄橙色でマルハナバチに体を似せ、武器を持たずしてうまく生き延びているようです。

しま模様の眼が特徴

オオハナアブ

オオハナアブの顔
（♀　成虫）

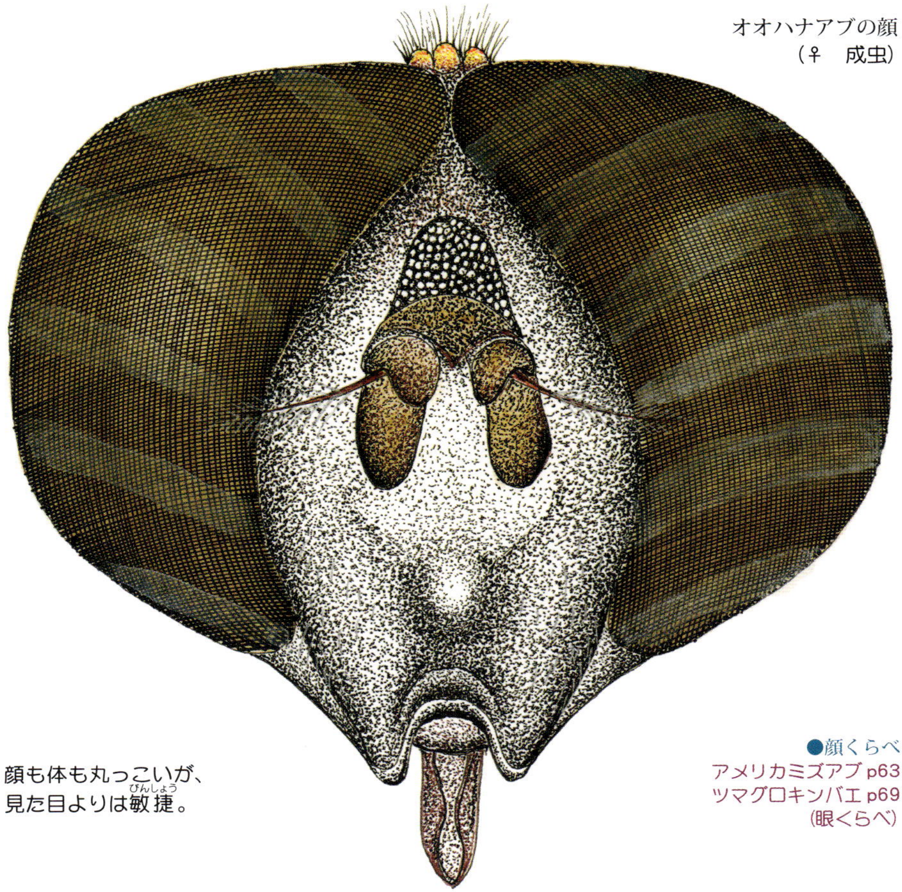

顔も体も丸っこいが、
見た目よりは敏捷《びんしょう》。

●顔くらべ
アメリカミズアブ p63
ツマグロキンバエ p69
（眼くらべ）

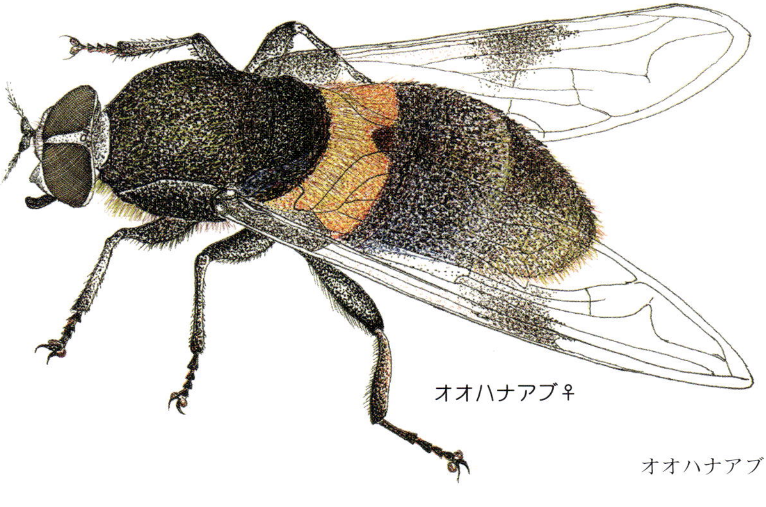

オオハナアブ♀

ヨツボシケシキスイ

足もと失礼します

光沢のある黒い体に赤い斑紋《はんもん》が４つあり、小さいけどよく目立つ、存在感のある甲虫です。体長４～7mmながらこれでもケシキスイムシ科の最大種。クヌギ、コナラなどの樹液をカブトムシやカナブンの足もとで「ちゃっかり」隠れながら飲んでいます。大きい虫に追い払われても、小さな体を生かしてほかの虫が入れないようなせまいすき間にもぐり込んで樹液を吸うのが特技。同じような生活を営むクワガタムシのメスに似た大アゴは体のわりにはがっちりと丈夫で、顔を正面から見ると逆三角形でアゴにかなりの力が入ると思われます。ただしそれは戦うためというよりも、樹皮をはがすために使われることが多いようです。

樹皮にほどよいすき間を発見。

ナガゴマフカミキリの足もとで樹液を吸う。

交尾

ヨツボシケシキスイ

ヨツボシ
ケシキスイの顔
（♂　成虫　前から）

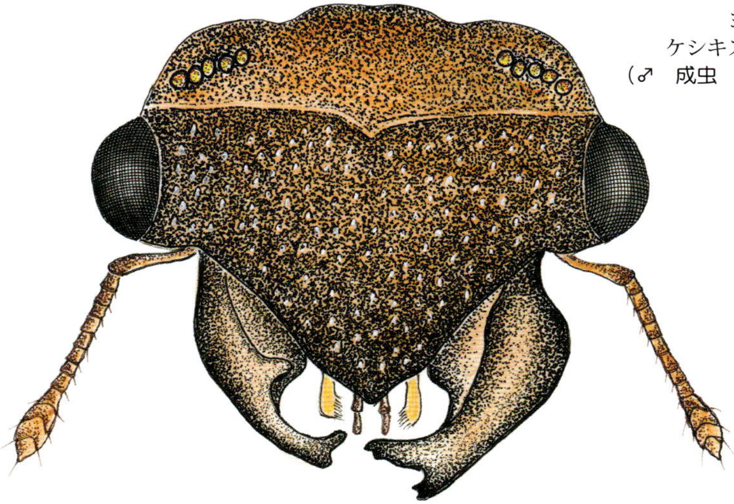

ヨツボシ
ケシキスイの顔
（♀　成虫　上から）

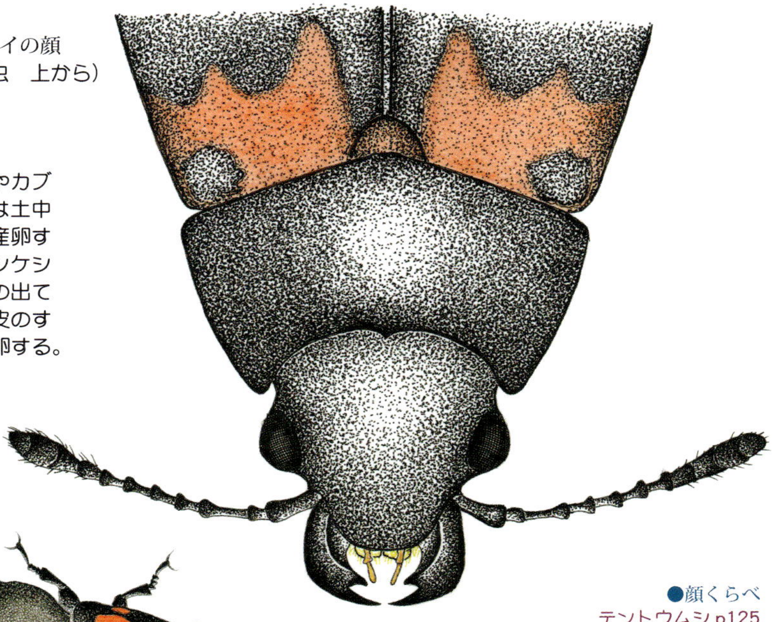

クワガタムシやカブトムシの多くは土中や朽木の中に産卵するが、ヨツボシケシキスイは樹液の出ている近くの樹皮のすき間などに産卵する。

●顔くらべ
テントウムシ p125
コクワガタ p131

ヨツボシケシキスイ♂

ホソミオツネントンボ　痩せの大食い

「オツネン」というのは年を越すこと、つまり成虫越冬するイトトンボの仲間であることから名前がつけられています。8月頃池で羽化したあと、林の中へ移動して成虫で冬を越し、春になると池に戻って交尾・産卵します。顔は横に平たくのびて眼だけは極端に左右に飛び出し、単眼も頭の中央の小高い丘の上に鎮《ちん》座《ざ》しています。それにしても、よくまあこんな横幅の広い顔になったものだと感心します。「宇宙からやってきたんだよ！」といってもおかしくない異次元の顔です。

羽化後、林の中へ入ったホソミオツネントンボは、すごい食欲でハエやアブを捕食します。見ていると、長い足でいきなり獲物をつかまえ、自分の6本足を丸めます。すると足には細いトゲがあるため、ちょうど虫かごのようになり、つかまった虫は逃げることができなくなります。するどい歯でモグモグとかみ砕《くだ》き、細い食道を通過できるように細かくしてから飲み込んでいるようです。そのとき、アゴの下にある受け口でエサが外部へもれないようにしながら食べているのがわかります。越冬中でも少し暖かい日には飛び出してきてエサをとっているのが観察できます。体長34～40mm。

春のホソミオツネントンボ♂

ホソミオツネントンボの顔
（♀　成虫）

冬越しの成虫の体色は枯れ草色の保護色。
春暖かくなると鮮やかな青色に変わる。

●顔くらべ
オオアオイトトンボ p19

寒い頃のホソミオツネントンボ♀

ホソアシナガバチ　寂しげだけど構わないで

アシナガバチの仲間らしくなかなかするどい顔をしていますが、大アゴがノコギリ状で、アシナガバチよりもスズメバチ類に似ているようにも見えます。黄色っぽい体はスマートで、ややのんびりした性格なのか動作はゆるやか。見かたによっては少し寂しげな印象を受けます。あまり攻撃的な性格ではないのですが、毒性の強い危険な毒をもっていますので、いたずらに刺激しないよう注意が必要です。体長は15～20mm程度。

越冬した親バチは、春先にタケニグサなど比較的かたいしっかりした植物の葉裏に巣づくりをはじめます。アシナガバチ類は農作物に被害を与える毛虫を肉団子《だんご》にして巣へ運び、子どものエサとして与えますので、人間にとっては毒を持つ害虫というよりむしろ益虫といえます。

タケニグサの葉裏に巣づくり開始。

幼虫の育った巣。

ホソアシナガバチ♀

警告色の黄色や茶色のコントラストが弱く、凶暴そうには見えないが要注意。

ホソアシナガバチの顔
（働きバチ♀　成虫）

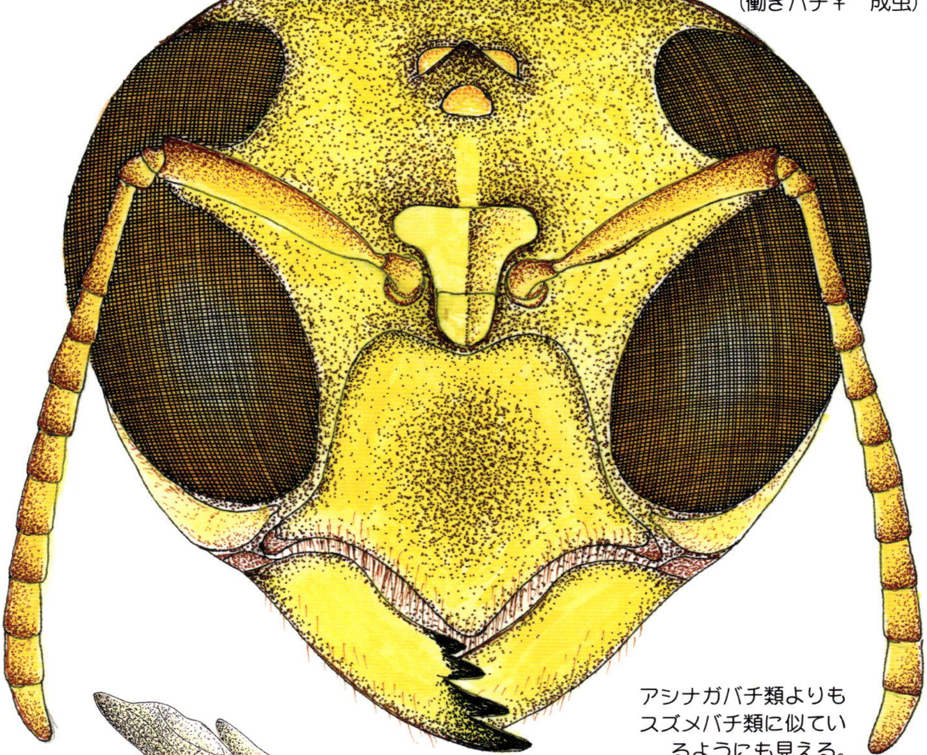

アシナガバチ類よりも
スズメバチ類に似てい
るようにも見える。

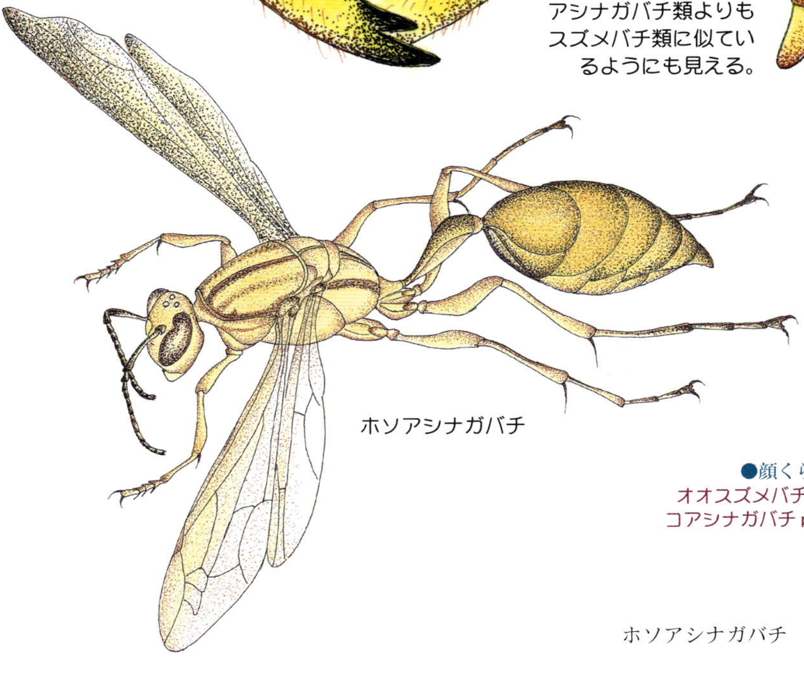

ホソアシナガバチ

●顔くらべ
オオスズメバチ p7
コアシナガバチ p61

アオドウガネ　おっとりしたのんきな父さん

体が丸っこくて羽はとくに青緑色の光沢があり、各腹節の両側に毛の束が生えているのが目につきます。体長は18～22mm。近くでよく見るとなかなか美しいコガネムシで、顔は物静かで実直《じっちょく》そう。カナブンにも似ていますが、カナブンのようにセコセコすることもなく、静かに葉の上にとまっています。まるで「のんきな父さん」です。

成虫はいろいろな種類の広葉樹を食べるようですが、とくに選《よ》り好みはしません。歯がするどくとがっていて丈夫そうですから、きっと葉をバリバリと食べるのでしょう。よくアジサイの葉の上にじっと動かずにとまっていることがあります。近づくとポロリと落下して姿をくらまそうとする甲虫がいますが、そんなこともありません。触角の先が3つに分かれていて、活動をはじめるときには3枚を広げているので、なにかのセンサーの役割をしているものと思われます。

アオドウガネは地味で静かなコガネムシで、幼虫は草の根を食べたりして、いわば害虫なのですが、あまり大騒ぎにならないところをみると、食性が幅広く、各種の広葉樹を少しずつ食べているものと考えられます。

触角の先が３つに枝分かれしている。

葉をバリバリ食べる。

アオドウガネの顔
（♀　成虫）

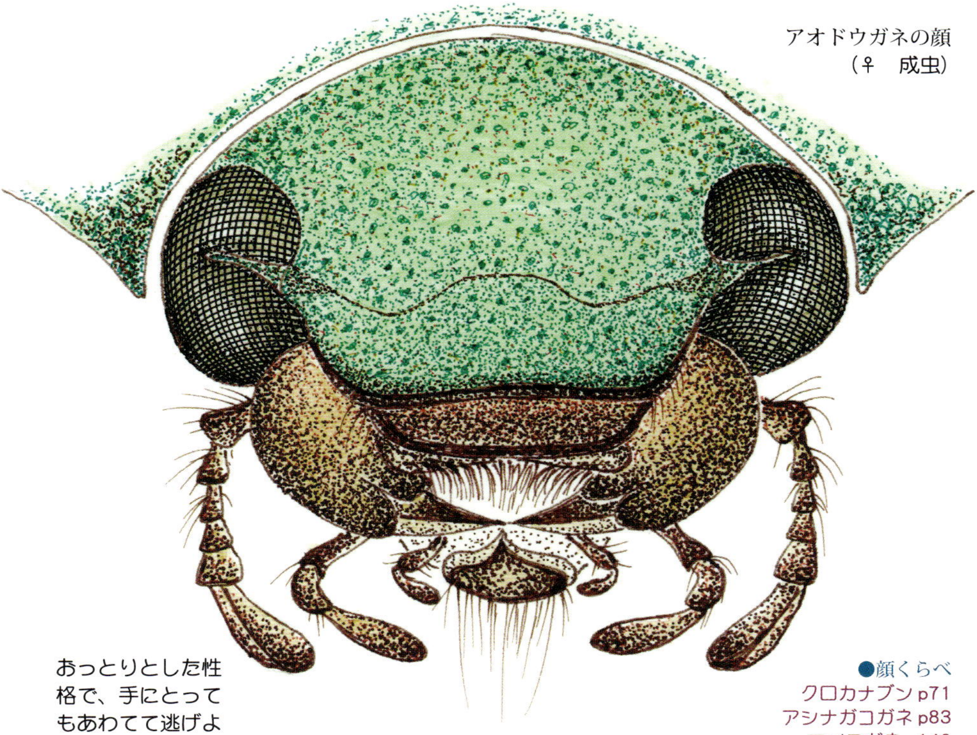

おっとりとした性格で、手にとってもあわてて逃げようとはしない。

●顔くらべ
クロカナブン p71
アシナガコガネ p83
マメコガネ p149

緑色に輝くアオドウガネ

アオドウガネ♀

アシナガムシヒキ　ガッツポーズ

　この虫の武器ともいえる大きな眼、長い触角、頭のてっぺんにある単眼。それらを総動員して、とくに動く虫には敏感《びんかん》に反応します。口先もするどくとがり、吸汁しやすい形をしています。

　アシナガムシヒキはムシヒキアブの仲間で、文字どおり足がとくに長く、前足の脛節末端《けいせつまったん》にトゲ状突起があるのが特徴です。獲物を探し出す広い視野を持ち、飛んでくる虫をいち早く見分け、長い足を使ってつかまえてしまいます。おもしろいことに、ムシヒキアブでもエサにする虫の好き嫌いがあり、アシナガムシヒキはハチ類を好んで狩ります。エサになるのは毒を持たない大型のヒメバチ科が多く、やはり毒針を持つハチは敬遠しているらしいのです。これも生き延びる知恵なのでしょう。

　さらにおもしろいことに、獲物をつかまえると必ず右足か左足を上に上げて、勝利のガッツポーズのような格好をしているように見えるのです。中には前足を両方とも上げて「バンザイ」のような格好をするものもいて、心中《しんちゅう》得意《とくい》満面《まんめん》なのだろうとおかしくなります。メスは植物組織内に産卵管を入れて卵を産みつけるようですが、詳しいことはわかっていません。

　体長は21〜27mm。成虫は、いつも日当たりのよい環境を好み、見とおしの利《き》く枝の上などにとまって、毎日、四方を監視しています。

アシナガムシヒキの顔
（♀　成虫）

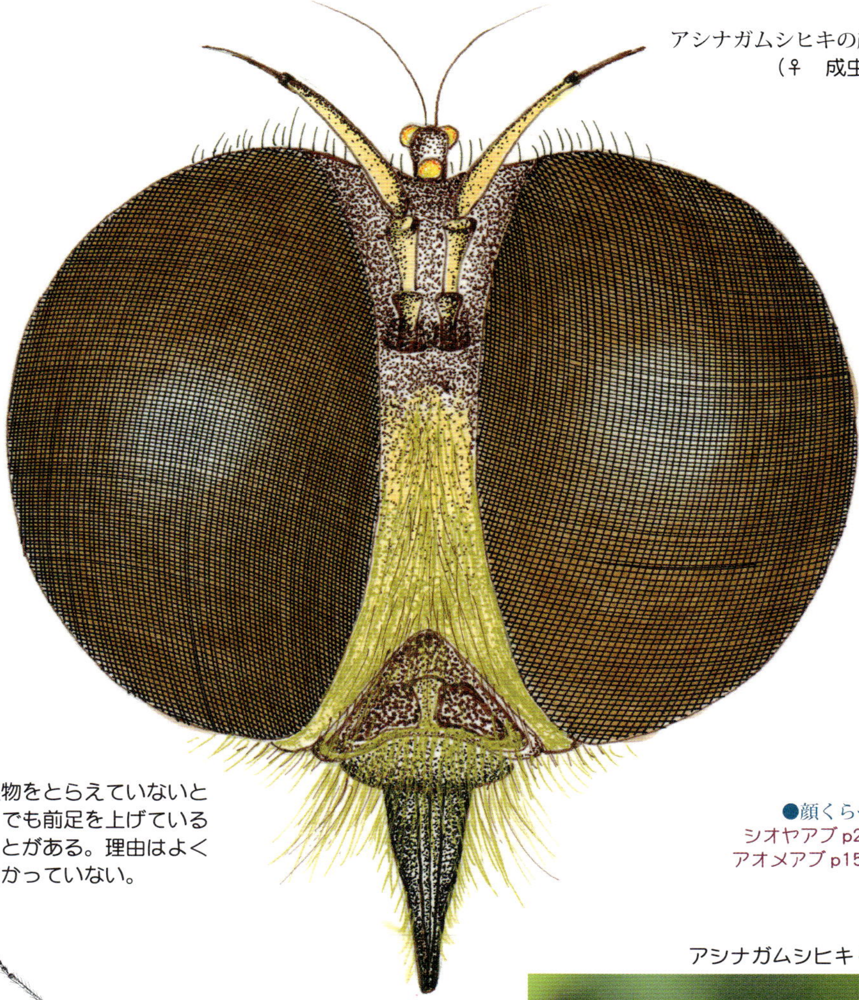

獲物をとらえていないときでも前足を上げていることがある。理由はよくわかっていない。

●顔くらべ
シオヤアブ p27
アオメアブ p151

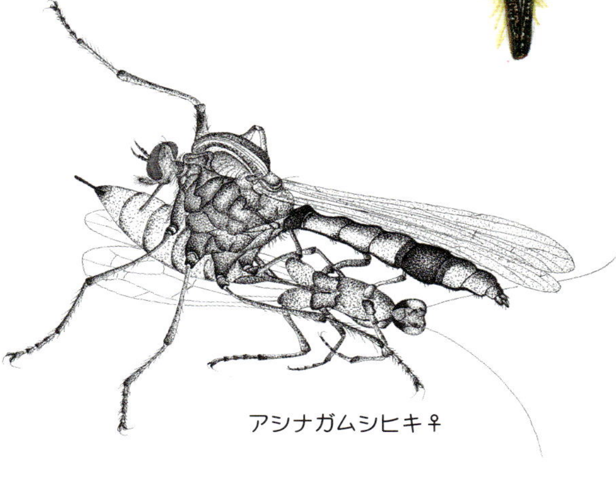

アシナガムシヒキ♀

アシナガムシヒキ♀

アブラゼミ

頑固おやじ

夏の暑さをいや増すように、しつこくジリジリジリジリジリ……と鳴き続ける声が、油で揚げ物をしているときの音に似ているところから「アブラゼミ」となったという説があります。ただ、名前の由来には諸説があって、たとえば、羽が透明ではなく油紙を張ったように見えることからつけられた、などともいわれています。

夏の風物詩のような鳴き声は、聞く人にさまざまな感慨《かんがい》や思い出をよみがえらせるからでしょうか、顔は少し図太くて融通《ゆうずう》がきかない「頑固《がんこ》おやじ」のように見えます。眼は左右に張り出していて周囲がよく見えているようです。かなり近づいても簡単には逃げません。これはなぜなのかわかりませんが、「頑固おやじ」の性格そのものともいえます。

８月に産んだ卵は翌年の６～７月に孵《ふ》化《か》し、幼虫は４～６年をへて親ゼミになります。この長い期間に、幼虫は地中で暮らしながら１～５齢幼虫をへて、地上に現れます。早朝まだ暗いうちから木を登り、足場にして羽化するわけですが、なにかのアクシデントで羽化の時間が遅れると、アリなどの外敵に見つかっておそわれ、羽化に失敗してしまうこともあります。人間もセミも生きるために懸命《けんめい》なことには変わりがありません。体長は羽の先まで55～65mmほど。

アブラゼミ幼虫からの羽化。

アリにおそわれ羽化できず。

アブラゼミ♂

アブラゼミの顔
（♂　成虫）

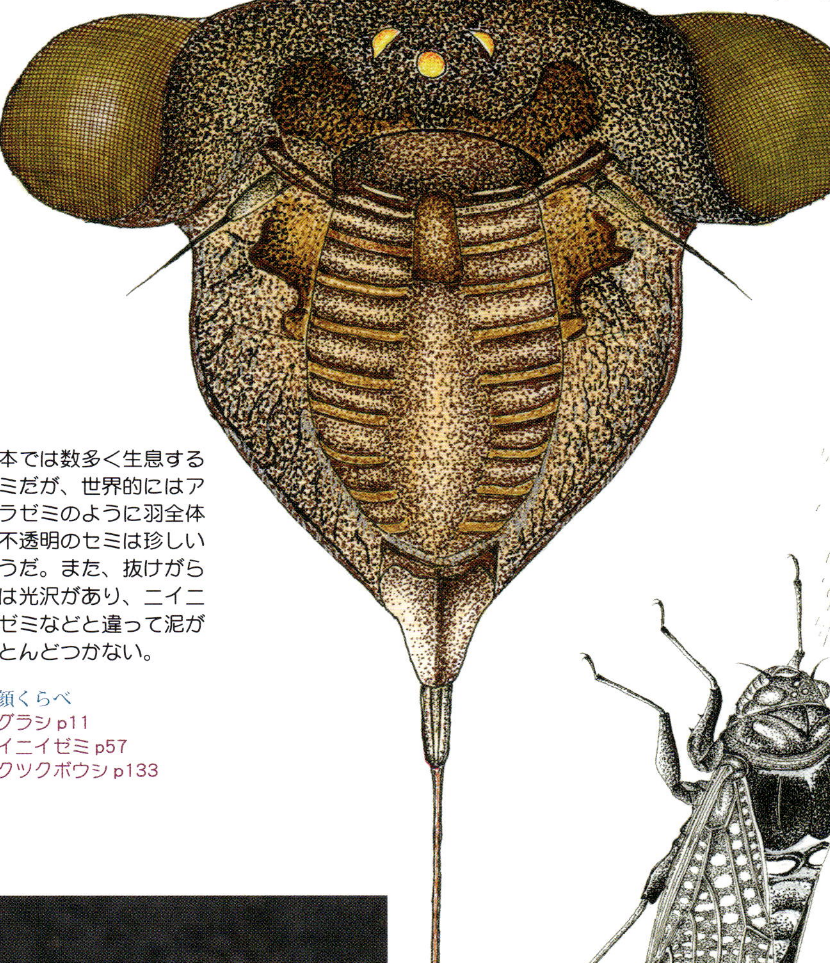

日本では数多く生息するセミだが、世界的にはアブラゼミのように羽全体が不透明のセミは珍しいそうだ。また、抜けがらには光沢があり、ニイニイゼミなどと違って泥がほとんどつかない。

●顔くらべ
ヒグラシ p11
ニイニイゼミ p57
ツクツクボウシ p133

交尾

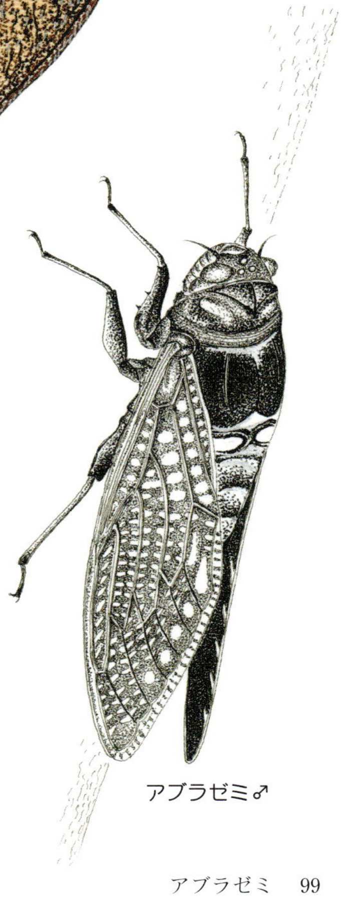

アブラゼミ♂

ツツゾウムシ

難関突破のエリートたち

ツツゾウムシは、鼻が長いことと、体型が筒のような感じがすることから名前がつけられています。その鼻はそれほど長くはないものの、確かに象の鼻に似ています。複眼がわりと下のほうにあり、左右の眼が近寄ったように見え、そのせいでしょうか、どことなく寂しげな顔つきです。触角は長くのびていて感覚はするどそうです。体長は10mmほど。

雑木林のとくにコナラなどのブナ科の木を好み、幼虫は枯木に穴を掘ってすんでいて、成虫になると中から出てきます。コナラの枯木には20種類近い寄生バチがやってきて、ゾウムシの幼虫に卵を産みつけようと、虎視《こし》眈々《たんたん》とねらってくるそうですので、成虫になって木の外に出られたのは「幸運者として生まれたエリートたち」ともいえるかもしれません。

成虫の肌はサビ色の粉におおわれて、まるで生き残るための苦労が現れているようにも見えます。ハチの寄生をまぬがれて生き残るためには、相当運がよくなければならないと想像できますが、毎年、かなりの数のツツゾウムシが元気に出現してくるのを見ると、自然とはよくしたもので、そんなすごい攻撃を受けても絶滅しないしくみをどこかに秘めているのでしょう。

ツツゾウムシ

交尾

ツツゾウムシの顔
（成虫）

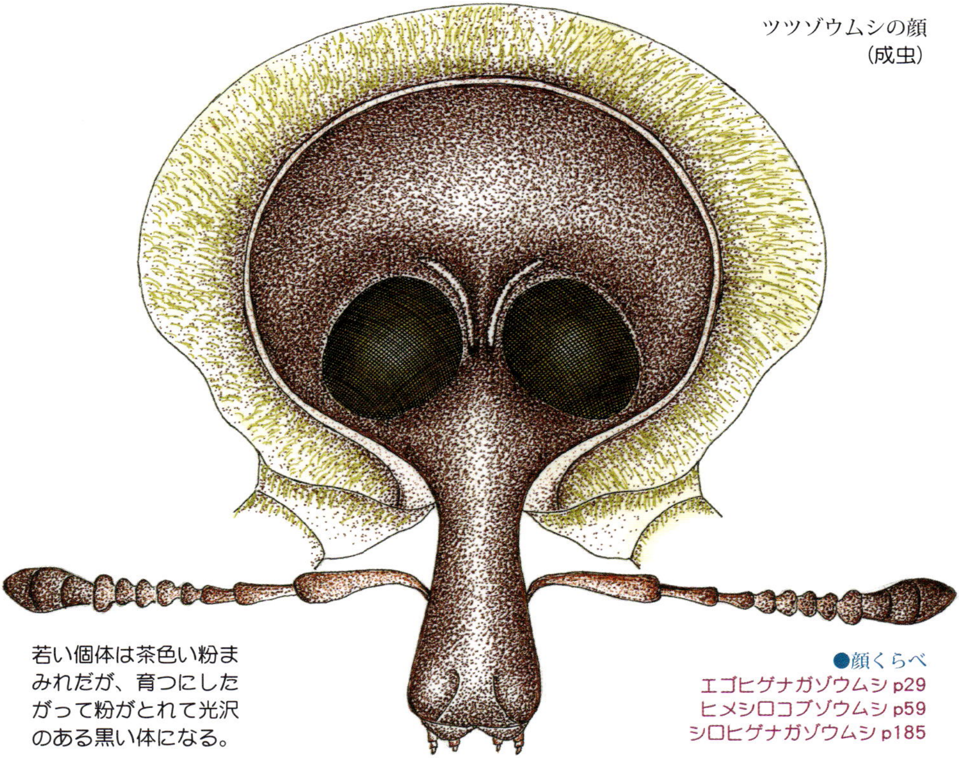

若い個体は茶色い粉まみれだが、育つにしたがって粉がとれて光沢のある黒い体になる。

●顔くらべ
エゴヒゲナガゾウムシ p29
ヒメシロコブゾウムシ p59
シロヒゲナガゾウムシ p185

無事に羽化して穴から出てきた幸運者。

オオシロフベッコウ　てきぱき仕事人

顔は小型のハチとしてはスマートで美形ともいえますが、黄色の筋を配色し、顔の下半分は長いヒゲだらけで「ハチだぞ！」というアピールは忘れていません。体長は10～17mm。

このハチは、糸を張っているジョロウグモの巣にいきなり突っ込んでいき、あっという間にクモに麻酔《ますい》をかけて下へ落とすという特技を持っています。そのあとすぐ巣へ運ぶのですが、事前に巣づくりはせず、子どものエサとなるクモを狩ったあと、それを運んでいき、この辺でよかろうと判断すると、クモを草の枝などに引っ掛けておいて、大急ぎで巣穴を掘りはじめるのです。大アゴを器用に使って土を削り、後ろ足で泥をポンポンと外へ放り出します。仕事をしながらときどき思い出したように２～３回、枝に引っ掛けてあるクモがアリなどに横取りされていないかどうか確認し、また急いで穴掘りをつづけます。深さ5cmくらいになったら穴掘りは完了。クモを枝からおろして穴の中へ引き込み、クモの腹部横へ乳白色の卵を産みつけて、今度は穴を埋め戻し、巣が完成するとどこかへ飛び去ってしまいます。こんなハチだけに、最初から最後まできびきびとした動作で作業を進めています。この顔は、厳しさの中に引き締まった美しさが備わったものなのだろうかとも思えてきます。

巣穴を掘るオオシロフベッコウ♀（上・下とも）

クモを捕らえたオオシロフベッコウ♀
（Photo by 築地 琢郎）

オオシロフベッコウの顔
（♀　成虫）

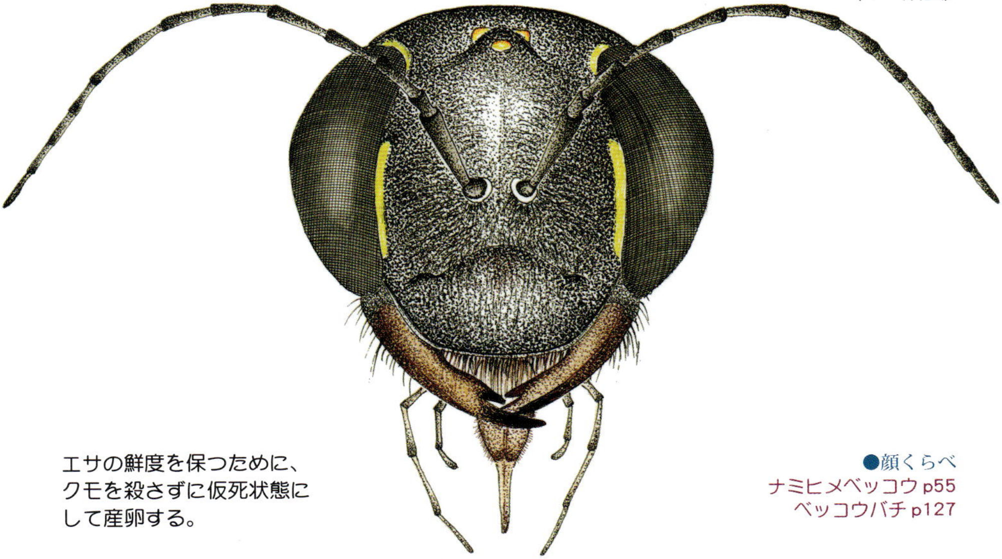

エサの鮮度を保つために、
クモを殺さずに仮死状態に
して産卵する。

●顔くらべ
ナミヒメベッコウ p55
ベッコウバチ p127

オオシロフベッコウ♀

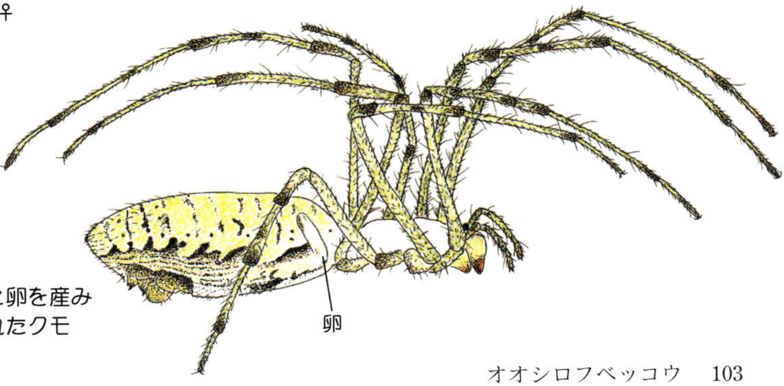

腹部横に卵を産み
つけられたクモ

オオミズアオ　月の女神

若葉が萌《も》え出る5月、遠くに白いハンカチのようなものが目に入りました。何だろうと急いで近寄ると、オオミズアオのオスでした。この美しいガに出会えた偶然を神に感謝したいほどでした。姿形も舌を巻くほど美しいのですが、このガの顔をじっくりと見た人は少ないのではないでしょうか。「造形の美」などという平凡な形容詞ではとても表現できないほどの美しさです。

眼はこうこうと輝き、口元には口紅さえつけているように見えます。前足の表面、そして眼の後ろ一帯もピンク色に染めあげています。触角はとても大きく、植物の葉のような形で、細かく枝分かれをした毛が密生しています。これはメスが発散するフェロモンをいち早くキャッチするための高性能アンテナとして働きます。

淡い水色を帯びた羽と尾《び》状《じょう》突《とっ》起《き》はまさにエレガントで、清楚《せいそ》な姿を「水青」と和名に表現した先人もまた見事です。学名にあるartemisも「月の女神」の意で、オオミズアオにふさわしい名前だと感心しました。羽の長さは80～120mm。

オオミズアオ

羽を閉じたオオミズアオ

オオミズアオの顔
（♂　成虫）

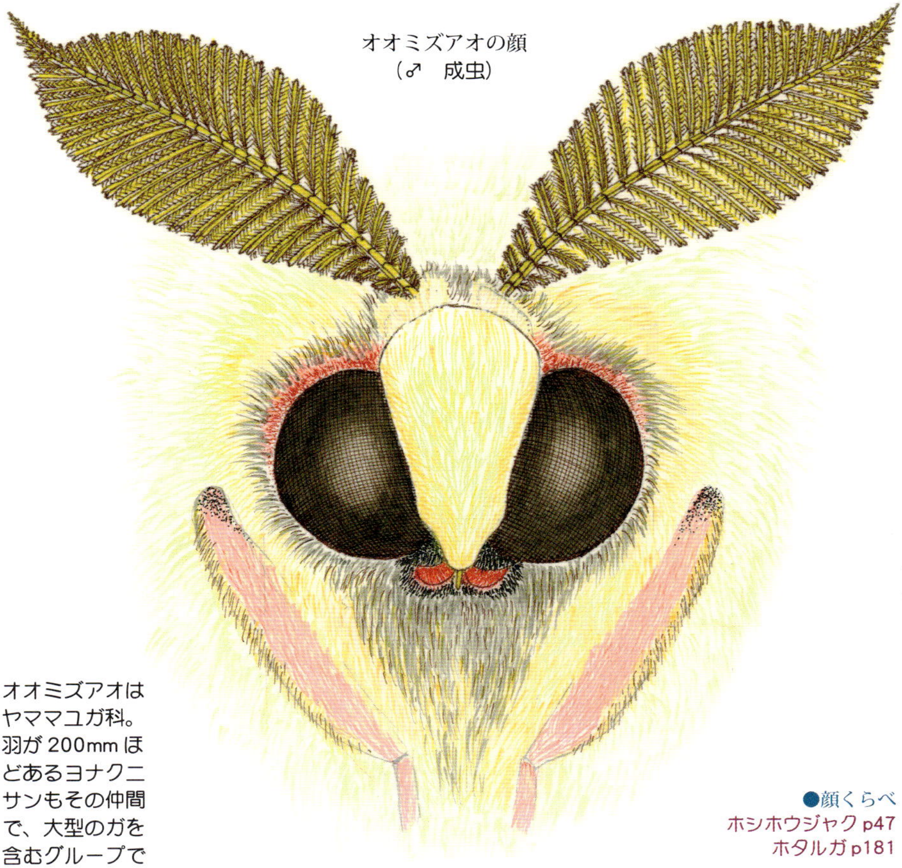

オオミズアオはヤママユガ科。羽が200mmほどあるヨナクニサンもその仲間で、大型のガを含むグループである。

●顔くらべ
ホシホウジャク p47
ホタルガ p181

オオミズアオ

ビロードツリアブ　おもしろかわいいぬいぐるみ

この横顔をごらんください。毛深い顔面から突き出た異常とも思える口器の長さと、ちょこんと突き出た触角がビロードツリアブの大きな特徴です。丸みのある体に細い黄色の毛がふわふわと生え、「ビロードの服で着飾っている」というよりも「おもしろかわいいぬいぐるみ」のような風体《ふうてい》です。体長は10mmほど。

春の訪れとともに、オオイヌノフグリやホトケノザなどの花を求めて現れますが、どうやら寒さを嫌うようです。陽が差していると毛をたてて暖かい空気をため込んで、ホバリングしながら吸蜜していますが、雲が出てきて太陽が隠れるとあっという間に姿が見えなくなります。つまり体全体の毛が体温の維持、そして温度センサーの役割も果たしています。

幼虫はヒメハナバチ科の幼虫に寄生するといわれていますが、詳細はまだわかっていないようです。

ホバリングしながら蜜を吸う
ビロードツリアブ

ぬいぐるみのようで
かわいらしい

ビロードツリアブの顔
（成虫　横から）

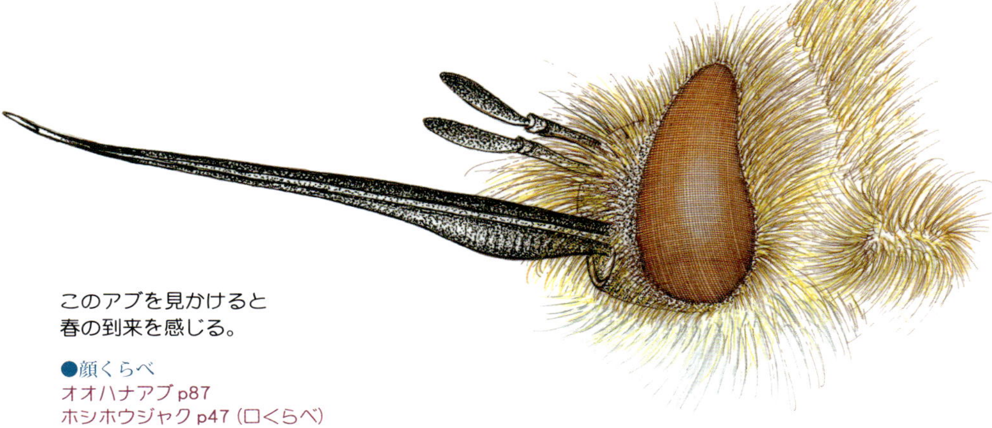

このアブを見かけると
春の到来を感じる。

●顔くらべ
オオハナアブ p87
ホシホウジャク p47（口くらべ）

ビロードツリアブ

ホトケノザの蜜を吸う
ビロードツリアブ

アミメアリ

女王不在

顔と胸部に網のような模様があるところからつけられた名前です。アリの仲間ですが、このアリの進化はほかのアリ類とは違った方向へ進んだようです。まずアミメアリには女王アリがいないのです。そのためなのか、よく見るとなにか憂《うれ》いに満ちた寂しげな表情が顔に浮かんでいるように見えてしまいます。

女王アリがいないかわりに若い働きアリが産卵し、育児もします。しかも、もっと変わっているのは土中に巣をつくらず、石の下や植木鉢の下などで集団になって生活していることです。そのため、サナギや幼虫を大アゴにくわえて、数十メートルにもわたる行列をなして移動しているのもよく見かけます。これは頻繁《ひんぱん》に巣を移動させるためなのですが、巣を移動させる理由はわかっていません。体長は3～7mm。

集団の中では、若いアリが産卵・育児を担当し、年をとったアリは食料などを集める役目につきます。つまり役割分担が見られるのですが、その行動や巣の移動をどうやって決めているのかなど、わかっていないことが多いアリです。また、普通のアリは毒針《どくばり》を持っていないのですが、アミメアリには毒針があります。これはアリとハチの親戚《しんせき》であることを明かす証拠だとされていますが、とにかく謎の多いアリなのです。

アミメアリとクリオオアブラムシ

幼虫と卵を運ぶアミメアリ

アミメアリの顔
（♀　成虫）

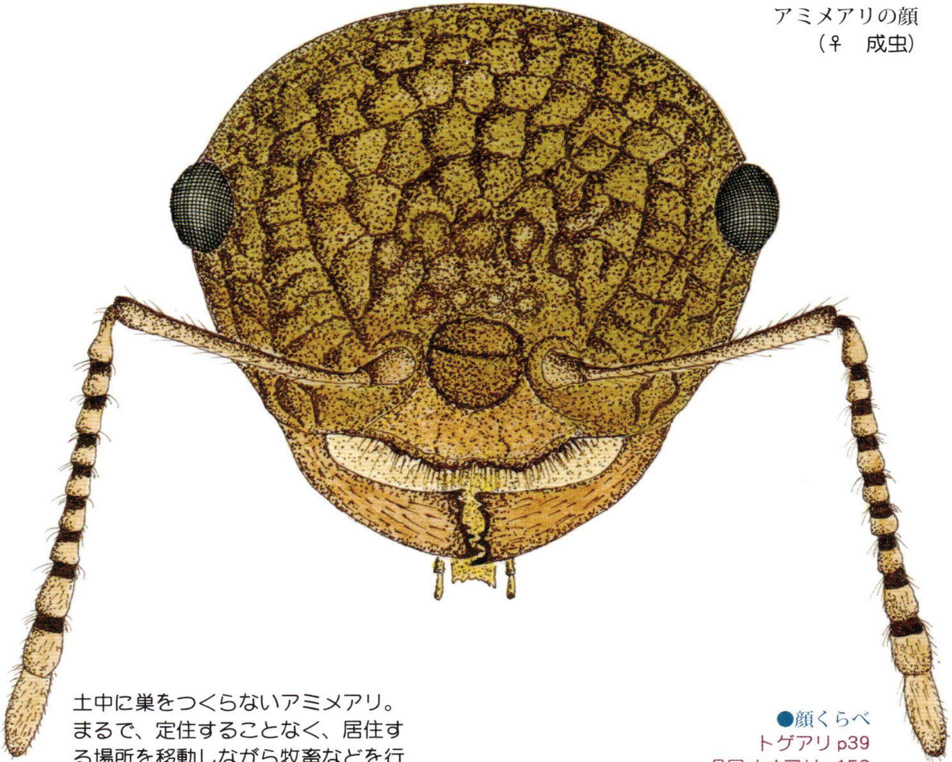

土中に巣をつくらないアミメアリ。まるで、定住することなく、居住する場所を移動しながら牧畜などを行って生活している遊牧民のようだ。

●顔くらべ
トゲアリ p39
クロオオアリ p153

アカガネサルハムシ 派手な色なら毒にご用心

体は金緑色に輝き、羽は赤銅色で、美しい宝石のようなハムシです。体長は7mmほど。ハチのような武器を持たないこの虫は、この色で「食べると毒だぞ！」という警告を出しているのです。ブドウの葉に集まるため、ブドウ園の害虫としても知られていて、野外でもノブドウに集まりますが、つるが枯れてしまうほどには食べないので、問題になったことはありません。弱い虫ですから少し近寄ると、ポロリと落下して姿を消します。

体は美しいのですが筒状の胸部に首が埋まっている感じで、必ずしも美人とはいえません。触角は体のわりには長く、先端へいくほど太く三角状となり、各節には感度センサーとして働く短い毛があります。

アカガネサルハムシのような弱い虫はそれなりに外敵に警告しておいて、あぶなくなればいち早く落下し、繁みの中へもぐり込んで姿をくらませる戦術が功《こう》を奏して生きつづけられるのでしょう。

美しい宝石のよう

交尾

アカガネサルハムシの顔
（成虫）

●顔くらべ
キベリトゲトゲ p35
ジンガサハムシ p177

アカガネサルハムシ

タマムシやハンミョウにも似た金属的な光沢がある体表面には、細かな凹凸があり、毛が密生している。

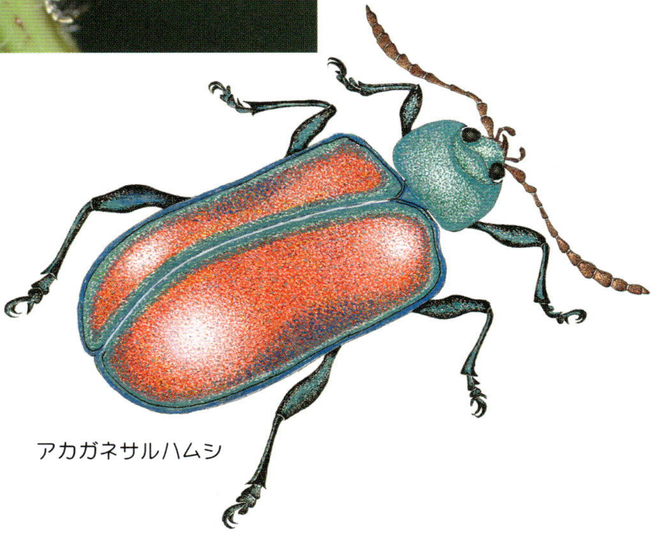

アカガネサルハムシ

オンブバッタ
好き嫌いはありません

どこにでもいるオンブバッタですが、顔を真正面から見たことがありますか？

オスとメスの顔は「美男美女」ではないにしても、素直な性格と優しさを感じさせる顔です。顔の中央に小さな目玉のような単眼がついています。口には草の味を見分けるヒゲが4本揃《そろ》っています。このあたりに、どんな植物でも食べられる秘密があるのかもしれません。

体長は20～40mm。体色は緑色型と褐色型があります。オンブバッタという名前のとおり、オスはほとんどがメスの上に乗っかって行動をともにしています。ときどきメスをめぐってオスどうしの競争がありますが、強いものが必ずしも有利になるわけではないらしく、早い者勝ちで一度メスの背中に乗ったオスは、ほかのオスから攻撃されても絶対に席を譲《ゆず》りません。

どこにでも数多くいるバッタですから繁殖率は高く、食物も選《よ》り好みなくさまざまな植物を食べることでエサを豊富に確保し、生存率も高めているのでしょう。

緑色型

褐色型の♀（下）

先客あり

強引に割って入ろうとする♂

オンブバッタの顔
（♂　成虫）

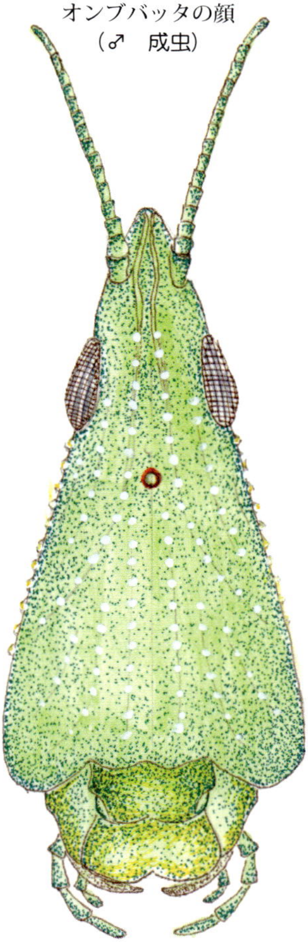

オンブバッタの顔
（♀　成虫）

♂はほとんど♀の
上に乗っているが、
食事はどうしてい
るのだろう？

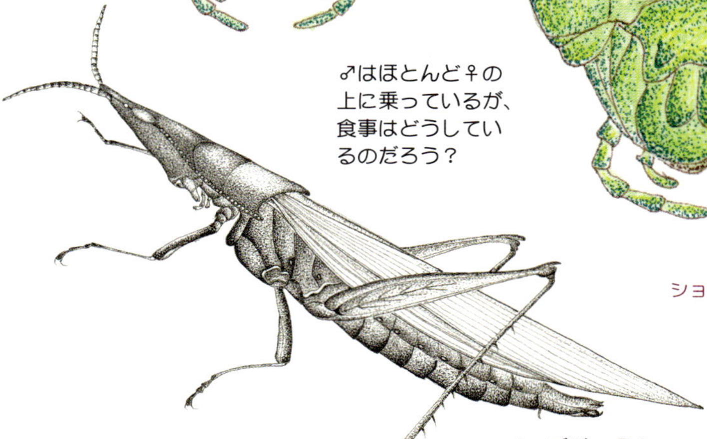

オンブバッタ♀

●顔くらべ
ショウリョウバッタモドキ p67
クビキリギス p167

ミカドジガバチ

念入りな仕事

ジガバチの仲間では最大で、体長25～34mm、メスではときに36mmにもなります。物静かに日陰のある雑木林の中で活動している姿は、どことなく「森の賢人」の風格が漂《ただよ》います。頑丈な大アゴとするどい歯を持っていますが、これは子孫を残すためのなくてはならない道具です。ジガバチ類は普通、土の中に巣をつくりますが、ミカドジガバチは樹木の空洞や木の杭に自然にできた穴、甲虫が成虫になって木から出ていったあとの穴などに巣づくりをします。この巣の中に親虫は、麻酔《ますい》をかけて仮死状態にしたシャチホコガ類の幼虫を入れて卵を産みつけ、卵からかえった幼虫はガの幼虫をエサにして育つのです。

あるとき、60～80mmもある大型ガの一種ウスキシャチホコガの終齢幼虫を狩って運んできた親バチを見かけました。たった1頭とはいえ、自分の倍以上もある芋虫を樹上に運ぶのです。せっかく途中まで引っ張り上げたのに、あと一歩というところで地上へ落としてしまったり、涙ぐましい悪戦苦闘ぶりでした。そして苦労して卵を産みつけると、今度は穴に小石や木片などを詰め、さらに入り口には樹の皮や枯葉のかけらなどを張ってふさぎ、カムフラージュするのです。なんとも念入りな仕事です。

雑木林の中で一風変わったおだやかな生活を送っているミカドジガバチですが、近年は数が減りはじめているのが心配です。

土を集める。

枯葉を切り取る。

土を巣に運ぶ。

枯葉などで巣穴をふさぐ。

ミカドジガバチの顔
（♀　成虫）

お腹が極端に細く
くびれた個性的な
プロポーション。

●顔くらべ
オオシロフベッコウ p103
オオホシオナガバチ p135

幼虫のエサとして狩った
シャチホコガ科の一種に
産みつけた卵。

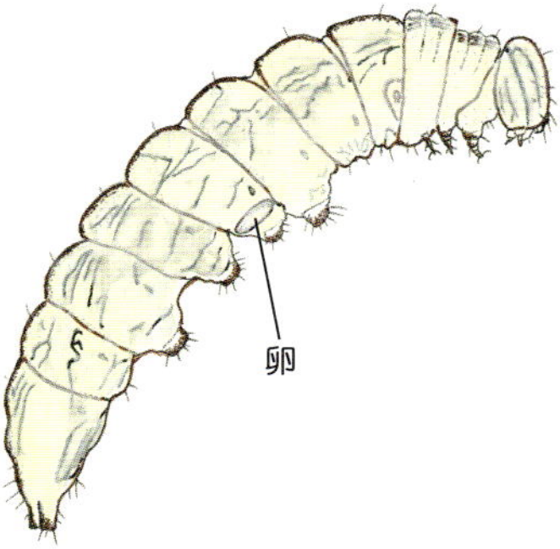

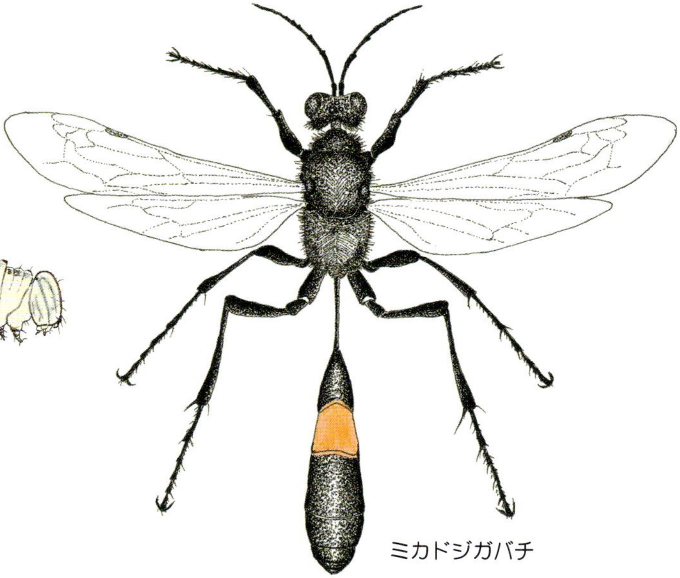

ミカドジガバチ

ウスモンオトシブミ　働き者の母ちゃん

ウスモンオトシブミは子どもために キブシの葉で独特の巣（ゆりかご）をつくります。体長6mmほどの虫にしては大きな巣なので、巣づくりは重労働です。メスは顔も首も細長いのですがバランスのとれた体型をしています。巣づくりでは、その長い首と足を踏んばって全身の力をこめて葉を巻いていきます。首と足と比較的大きな眼と口は巣づくりには欠かせない道具になっているようです。オスも首が長く、常に周囲を見渡してメスを探し歩いていて、まるで「遊び人」のようにも見え、「働き者の母ちゃん」であるメスとは対照的です。

巣づくりは、まず最初に葉柄《ようへい》からつながっている太い導管《どうかん》を切断します。これで葉がだんだんとしおれて柔らかくなるのです（写真①②）。次に葉を2つ折りに折り曲げるのですが、そのときには要所要所を切断したり傷つけたりして水分の流れを止め、作業しやすくしています。葉が2つ折りになったら、下から巻き上げるのですが、2～3回巻いたところで卵を産みつけ、さらに巻き上げていきます。一方、「遊び人」のオスはその間なにをしているかといえば、なんと、働いているメスの上に乗って勝手に交尾をしています（写真③④）。仕事はまったく手伝おうとはしません。こうして立派な巣ができあがると、最後に葉柄を断ち切って落下させます（写真⑤⑥）。下に落ちた巣の中では、幼虫が適度な湿度に守られて、葉を食べながら成長しサナギとなります。そして「働き者の母ちゃん」は次の葉に移ると、同じように新しい巣をつくりづつけるのです。

ウスモンオトシブミの顔
（♀　成虫　前から）

●顔くらべ
ヒメクロオトシブミ p139

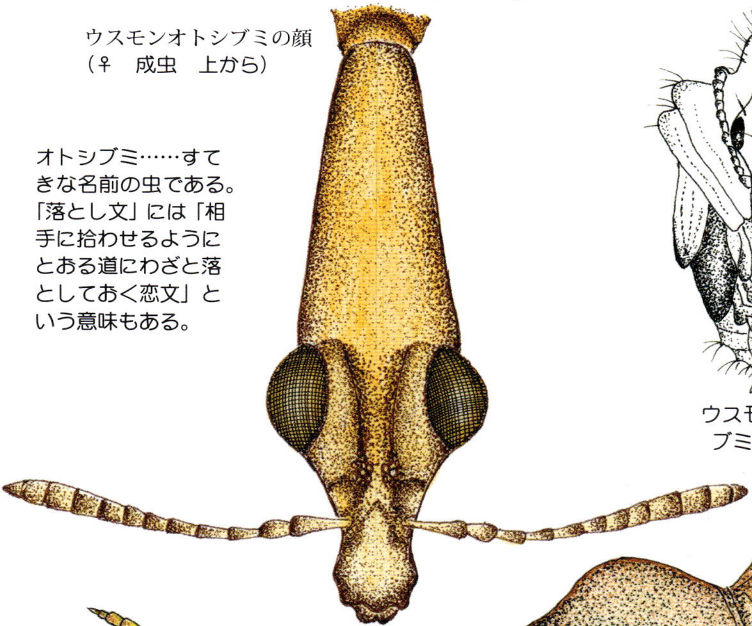

ウスモンオトシブミの顔
（♀　成虫　上から）

オトシブミ……すてきな名前の虫である。「落とし文」には「相手に拾わせるようにとおる道にわざと落としておく恋文」という意味もある。

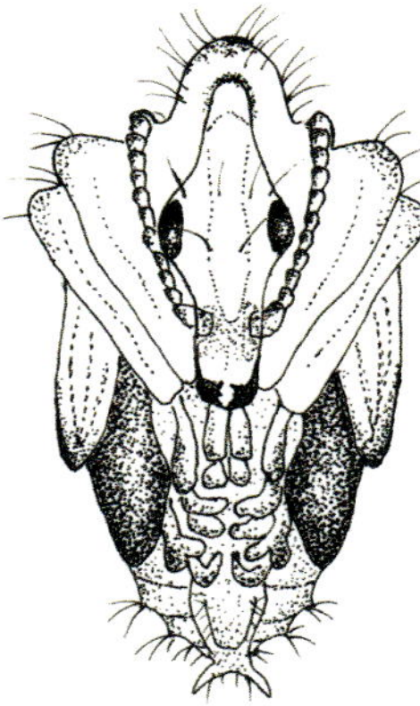

ウスモンオトシブミのサナギ

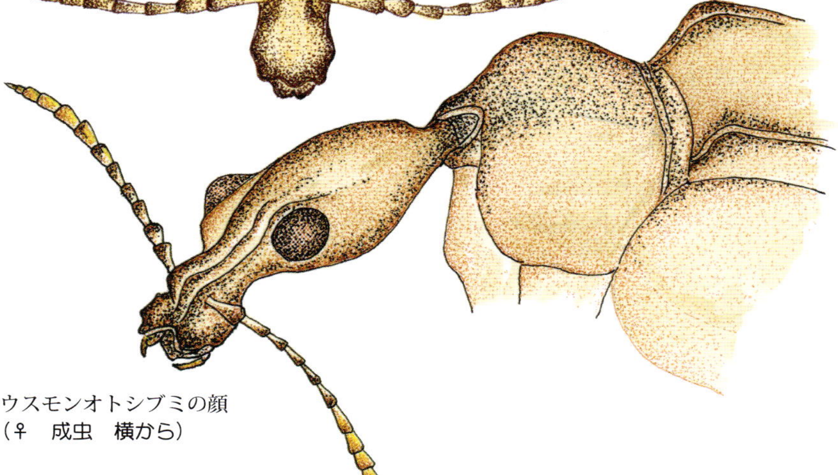

ウスモンオトシブミの顔
（♀　成虫　横から）

アカスジキンカメムシ

醜いアヒルの子

この虫も日本の目立たないけれども美しい虫の代表格です。体は金属的な光沢のある緑色をベースに、紅色の帯模様を配した美しいデザインなのですが、顔とは少しアンバランスのように感じます。その顔は「ほっぺを真っ赤にした田舎《いなか》のおばちゃん」といった感じです。

この派手な配色は外敵に対し「食べると毒！」という危険を知らせる警告色で、効率《こうりつ》の高い防御となっていると考えられています。体長は17〜20mmほどで、なかなかボリューム感もあります。

幼虫は白と黒地の地味な色ですが、足や腹の横線にはメタリックな色彩を使っています。終齢幼虫は、落ち葉の下などで越冬し、翌年の5月頃には見事に変身して美麗《びれい》な成虫となって出てきます。

メタリックカラーでカラフルに彩《いろど》られたこの虫は、キブシの実によく集まりますが、ほかの広葉樹にも見られます。

アカスジキンカメムシ♀

羽を広げて飛び立とうとする瞬間。

アカスジキンカメムシの顔
（♀　成虫）

警告色の美しい成虫に比べ、幼虫はまるで葉の上に落ちた鳥のフンのように見える。これも一種の保護色なのだろうか？

●顔くらべ
ナガメ p45
エサキモンキツノカメムシ p165

アカスジキンカメムシ幼虫

アカスジキンカメムシ♀

カラスアゲハ 日本で最も美しいチョウのひとつ

黒い大きな眼と先端が少し太くなった長い触角が印象的で、アゲハチョウの代表のような顔といえます。青紺色の毛がふさふさと生えていて、見かたによってはダチョウのような面構《つらがま》えにも見えます。羽の鱗粉《りんぷん》が光の反射の加減で青・青緑・黒と微妙な色合いの変化を見せ、ミヤマカラスアゲハとともに「日本で最も美しいチョウのひとつ」と称されるのは当然のことと思います。体長は80～100mm。

カラスアゲハで吸水するのはオスのみといわれていますが、吸水しながら尾端からポタポタと水を出します。これには「体を冷やしている」という説と「一種のミネラル補給」という説がありますが、科学的にはどちらなのか明らかにされていません。メスは吸水せず、もっぱら花蜜のみを求めて飛びまわります。次世代を残すための栄養補給に専念《せんねん》しているのでしょう。

吸水するカラスアゲハ♂

カラスアゲハの顔（♂　成虫）

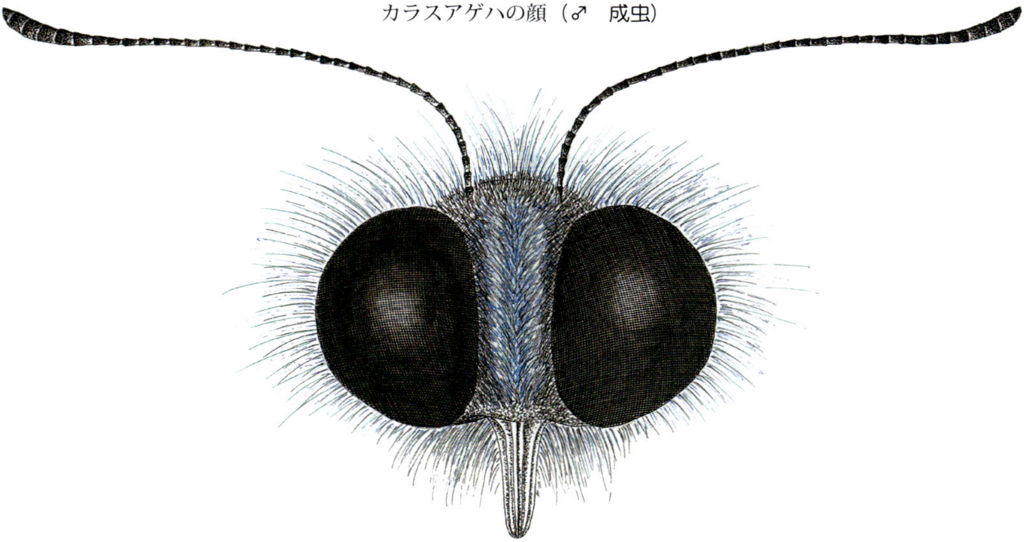

カラスアゲハ♀

幼虫の食草はコクサギ、カラスザンショウ、サンショウ、カラタチなどミカン科の葉。

●顔くらべ
キチョウ p75
ゴマダラチョウ p147

カラスアゲハ♂

ホソヒラタアブ

飛びながらあれこれ

ホソヒラタアブは、春先から晩秋まで、花から花へと蜜や花粉を求めて飛びまわり生活しているハエの仲間です。日本全国にいて、野山でも庭先でも、3～10月下旬頃までごく普通に見られます。体長10～11mmほど。体は細くて小さいのですが、顔は眼がほとんど全面を占めているように見えるほど大きく、さぞかし周囲がよく見えていることでしょう。敵にそなえて視野の大きな眼を持つようになったものと思われます。また吸蜜口も幅広く長いのが特徴です。

腹部も細くて弱々しく見えますが、黄色に黒の帯があり、明らかにハチに擬態《ぎたい》をし、外敵に警告を発しています。また、飛行が巧《たく》みで、ホバリングしながらエサをとったり、オスとメスが空中を飛びながら交尾するのもこの虫の得意技です。空中交尾中にはメスは羽を閉じ、オスだけが羽を動かし、メスを抱えるようにして飛びます。交尾を済ませたメスはアブラムシが寄生している植物を選んで卵を産みつけ、卵からかえった幼虫はアブラムシを食べて育ちます。植物にとっては益虫なのです。力の弱い虫は交尾中や食事に夢中になっているときがいちばん危険ですから、それをうまくかわせれば先存率も確実に高まります。ホソヒラタアブは強い飛翔《ひしょう》力と広い視野を駆使《くし》して、うまく生き延びているのでしょう。

ホソヒラタアブ♂

ホソヒラタアブ♂

ホソヒラタアブの顔
（♀　成虫）

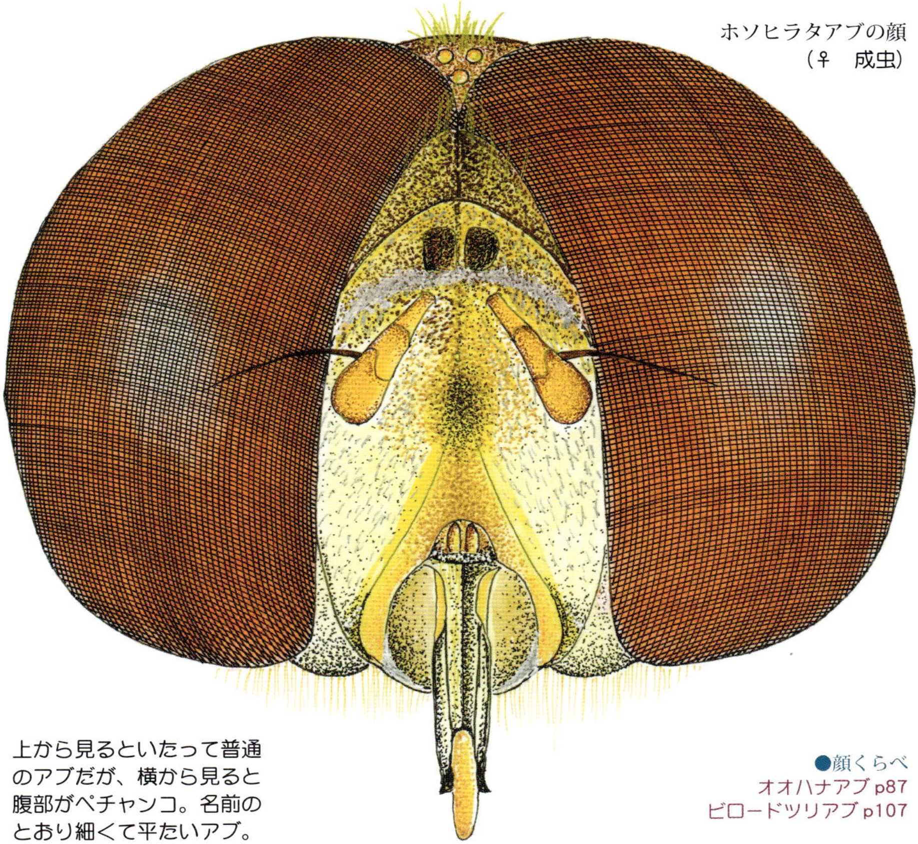

上から見るといたって普通のアブだが、横から見ると腹部がペチャンコ。名前のとおり細くて平たいアブ。

●顔くらべ
オオハナアブ p87
ビロードツリアブ p107

飛びながら交尾

テントウムシ　星の数は違っても同じ種類

黒地に赤紋のナミテントウ

黄色地に黒紋のナミテントウ

赤地に黒紋のナミテントウ

ナナホシテントウ

ここに紹介したのはナミテントウともいわれ、どこにでもいるテントウムシですが、羽に丸形の斑紋《はんもん》があったり、その斑紋の変化も多様で、紋が10個ぐらいあるものさえいます。指先にとまらせると必ず太陽に向かって飛び立つことから「天道」つまり「太陽《おてんとさま》」の意味を持つ「テントウムシ」と名づけられたのだそうです。体長は数mm～10mm。

斑紋の変異が多くて「新種か」と思うと、みな同じテントウムシだったということも再三報告されているほど変化が激しく、それが逆に遺伝学の実験材料として注目され、よく使われています。顔はお人好しのお坊ちゃまのような風貌《ふうぼう》ですが、実際の性格は獰猛《どうもう》で、幼虫成虫ともにヨモギやヤナギなどにつくアブラムシを好んで食べる益虫です。外敵に対応するために、テントウムシも死んだふりをするのですが、このときテントウムシは足の関節部分と口から黄色い液体を出し、鳥がこれをいやがってか食べないのを見ると、これは有効な外敵撃退法のようです。成虫で越冬し、寿命も虫にしては長くて9月頃から翌年の4月頃までおよそ7カ月も生きています。

テントウムシ類には、このほかにカラスウリ類の葉を食べるトホシテントウ、ジャガイモなどのナス科作物の害虫となっているニジュウヤホシテントウ、ルイヨウマダラ、またクルミの木の葉につくクルミハムシの幼虫を食べるカメノコテントウなどたくさんの種がいます。変わったところでは、植物の葉の裏につく白渋菌を食べるキイロテントウ、同じような生活を送るシロジュウシホシテントウムシなどがいます。このように千変万《せんぺんばん》化《か》の形態変異を示し、遺伝的分散のある虫も珍しいものです。

ナミテントウの顔
（成虫）

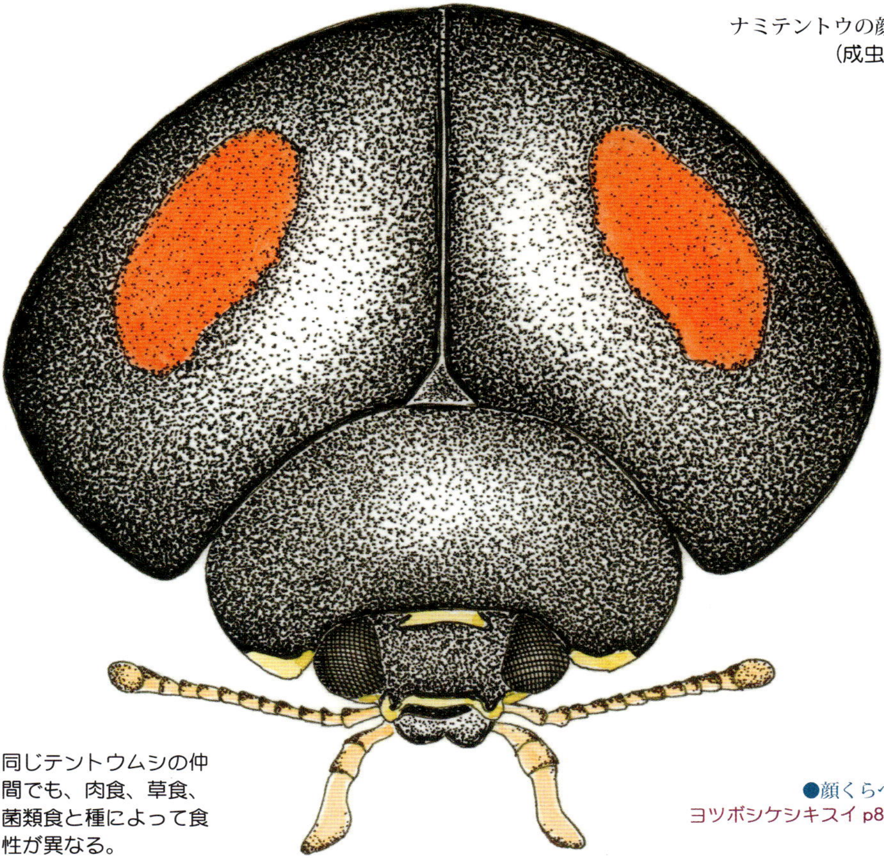

同じテントウムシの仲間でも、肉食、草食、菌類食と種によって食性が異なる。

●顔くらべ
ヨツボシケシキスイ p89

交尾

キイロテントウ

シロジュウシホシテントウ

ベッコウバチ　大胆不敵なクモ狩り名人

ベッコウバチの仲間はすべて自分の子どものエサ用にクモを狩ります。英名もスパイダー・ワスプ「spider wasp（クモ＋ジガバチ）」というそうです。また1頭の子どもに与えるエサも、必ず大きなクモ1頭であることも共通しています。

顔は派手な黄色とオレンジ色に染めあげていて「オレはハチだ！」と示しています。よく見れば「明るくて気さくなお嬢様タイプ」にも見えます。大アゴは巣づくりや幼虫用のエサ狩りなどに対応した形なのでしょう。一方、長い舌は母バチが重労働のエネルギーを得るために花の蜜を吸うときに役立ちます。体長は22～28mm。人に害を与えるハチではありませんが、クモ狩り名人だけあって、行動は大胆《だいたん》で、果敢《かかん》にクモにおそいかかるときの敏捷《びんしょう》な動きは見事というほかありません。大きなクモに麻酔《ますい》をかけて、大アゴで引っぱりながら後ろ向きに運んで、適当なところまでくると大急ぎで穴を掘ってクモを入れると、自分の卵をその上に産みつけたあとは、穴を埋め戻し、どこかへ飛び去ります。こうしてメスが生涯でつくる巣の数は13個程度だろうと考えられています。

花の蜜を吸うベッコウバチ♀

ベッコウバチの顔（♀　成虫）

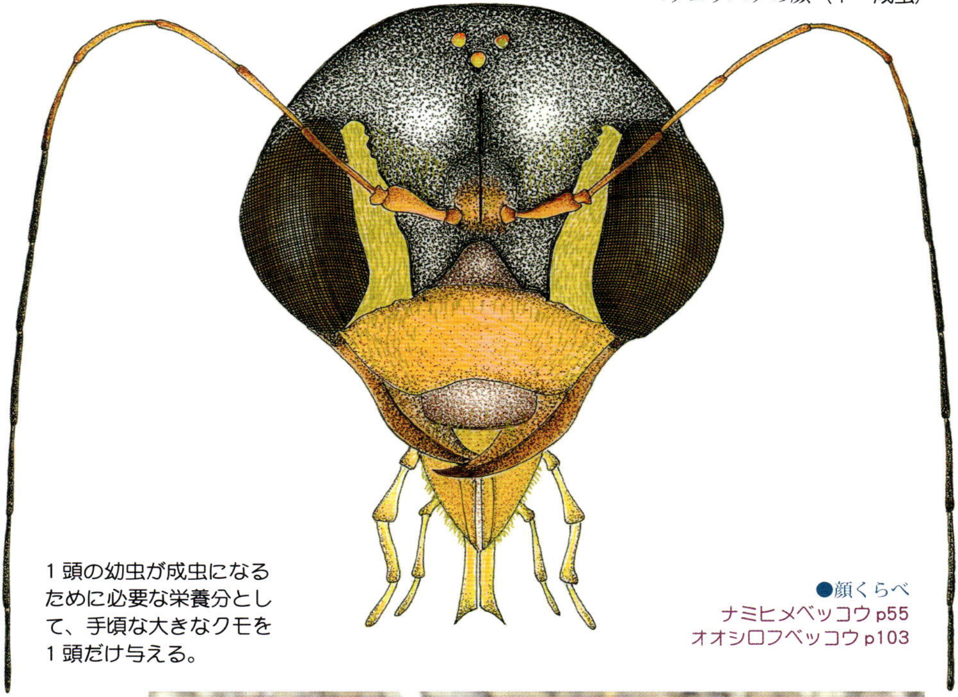

１頭の幼虫が成虫になるために必要な栄養分として、手頃な大きなクモを１頭だけ与える。

●顔くらべ
ナミヒメベッコウ p55
オオシロフベッコウ p103

クモをとらえたベッコウバチ

ベッコウバチ♀

ガガンボモドキ

猛禽類の足

この虫の姿形からはカの親分のように見えますが、顔はカとはまったく異なり、シリアゲムシによく似ていて細長く、口先も長くなっています。ガガンボモドキはシリアゲムシに近い仲間ですが、尾の先にはハサミもないし、尾端を上にあげる習性もありません。眼が大きいのですがこの顔から推察すると、夜間に行動するガなどをつかまえて吸汁しているのではないでしょうか。近似種のトガリガガンボモドキは、夜にアザミの花で待ち伏せてガを狩るところを目撃されています。

足に注目すると、先端にはするどい爪があり足先が内側へ自由に曲がります。まるでタカやフクロウなどの猛禽類《もうきんるい》の足のようです。エサの虫に足を引っかけてつかまえ、6本の足先を丸めて袋状にして抱えながらエサの汁を吸うのでしょう。下の写真のように、前4本の足でつかまり、後ろの2本はぶら下げるような体勢で木の枝や葉にとまっているのをよく見かけます。

また、ガガンボモドキはシリアゲムシと同じように、エサをとったオスが特殊なフェロモンを発散してメスをおびきよせてエサを与え、メスがエサを食べているその間に交尾をするそうです。

ガガンボモドキ

足1本でぶら下がっている。

ガガンボモドキの顔
（成虫）

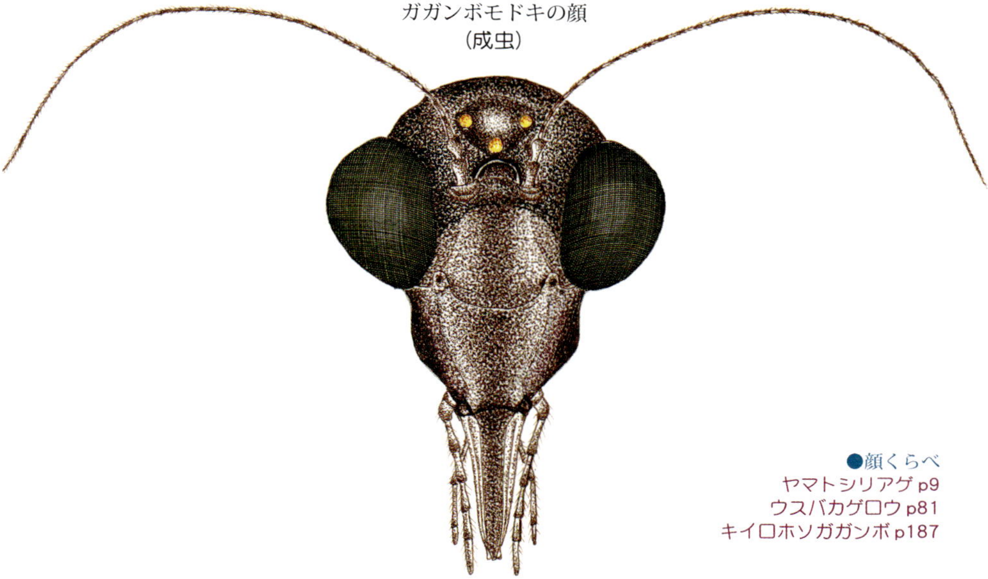

●顔くらべ
ヤマトシリアゲ p9
ウスバカゲロウ p81
キイロホソガガンボ p187

前 4 本の足で草につかまり後ろ 2 本の足は空中に浮いている。

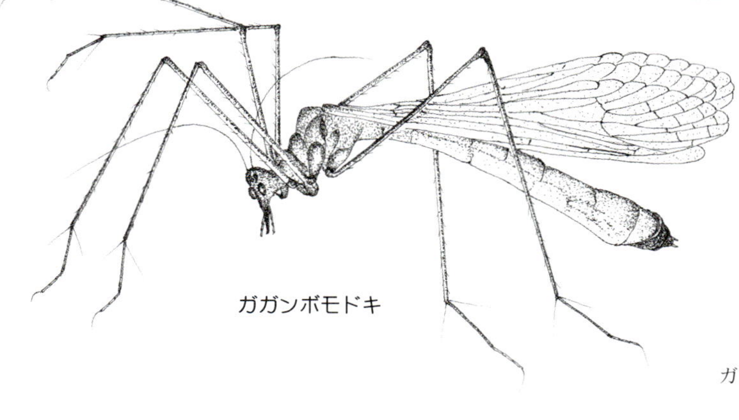

ガガンボモドキ

コクワガタ

ひ弱な貴公子

　都市の公園でいまだに健在なのがコクワガタです。かつては人里にも多くいたノコギリクワガタはめっきり少なくなり、ミヤマクワガタにいたってはほとんど見られなくなってしまいました。コクワガタは体長16～37mmと小さい分、人気の点で損をしていますが、その顔にはクワガタ類に必要なものはすべて揃《そろ》っています。コクワガタは夜になると樹液を飲みに出かけますが、昼間はほとんど木の空洞などに潜《ひそ》んでいます。コクワガタは「ひ弱な貴公子」、ノコギリクワガタは「あか抜けした都会的な好青年」、ミヤマクワガタは「直情的で勇《いさ》み肌《はだ》の兄《あに》貴分《きぶん》」といったところでしょうか、どの種もそれぞれの持ち味に魅力のある虫たちです。

　さまざまな虫たちが集まってくる樹液場にもそれぞれのテリトリーがあり、見ていると、夜は大型のクワガタがもっとも樹液の豊富な位置に陣取り、カブトムシやカミキリムシたちは二番席でがまんしているようです。昼間は何種ものカナブンやタテハチョウ、スズメバチなどが集まってきますが、スズメバチが一番席を占め、あとのメンバーは周囲で仲良く吸蜜しています。

　最近、天敵の鳥にクワガタ類やカブトムシなどが食べられているのをよく見かけます。昼間はそれぞれ縄張《なわば》りにしている隠れ場所にいるはずなのですが、利口なカラスに探し出されてしまうようです。公園の休憩用のテーブルの上で、カラスがカブトムシの柔らかい内蔵をきれいに食べ、残りをキイロスズメバチ、アリなどが食べているのを目撃したこともあります。生物の世界は食う者と食われる者との戦いの場なのだと実感する瞬間です。

コクワガタ♂

ノコギリクワガタ♂

ミヤマクワガタ♂

冬越ししたコクワガタ♀

コクワガタの顔
（♂　成虫）

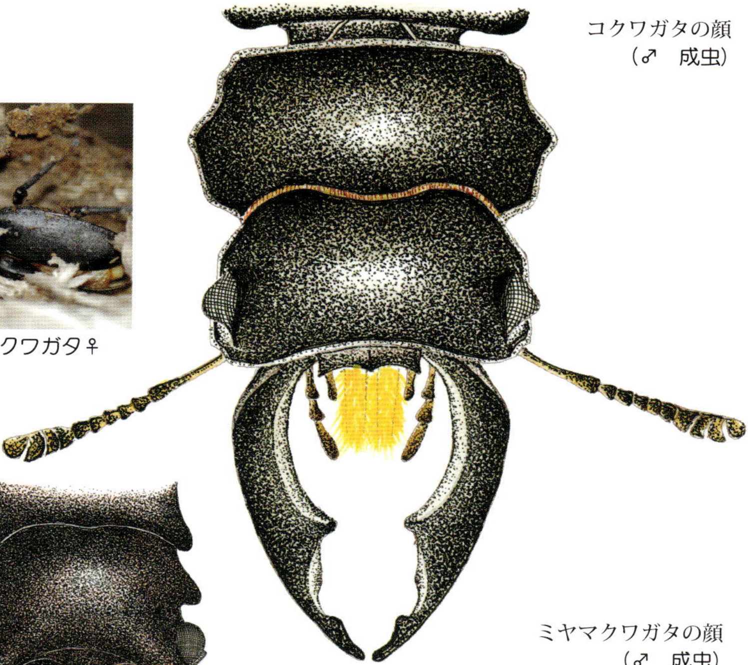

ノコギリ
クワガタの顔
（♂　成虫）

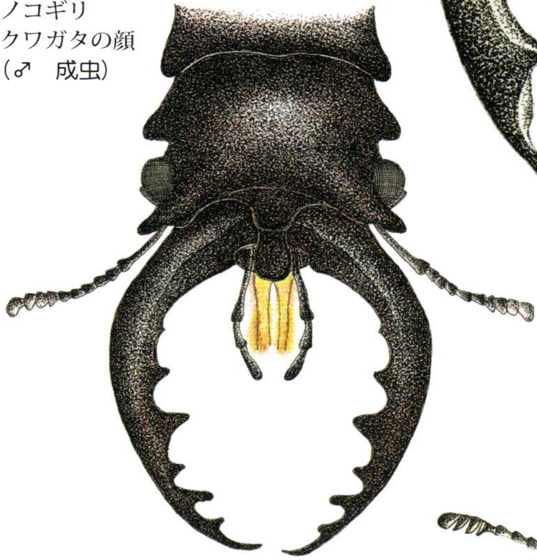

ミヤマクワガタの顔
（♂　成虫）

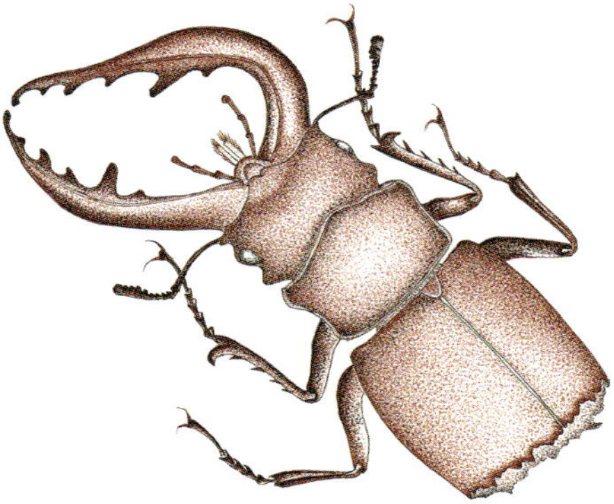

鳥に下半身を食われたと思われるノコギリクワガタ♂。おそわれて間もなかったものらしく、この状態で生きていた。

ツクツクボウシ　器用な鳴き声でメスを呼ぶ

羽は透明で体つきはスマート、眼は空色で左右に出っ張っていますが、鼻は高く、中心から規則正しくしま模様が入り、全体になかなか好感の持てる顔つきです。体長は羽の先まで40～50mmほど。「オーシーツクツク、オーシーツクツク」という鳴き声は、いかにも去りゆく夏の陽をおしんでいるように聞こえます。こんな哀調《あいちょう》を帯びた歌によってオスはメスを呼んでいるのです。午前中よりも午後によく鳴くのもツクツクボウシの特徴ですが、「オーシーツクツク」と鳴いているオスの近くで、別のオスが「ジュッ！」と横やりを入れるように鳴くときがあり、これは「ジャマ鳴き」といわれています。オスの鳴き声に誘われたメスが近くに飛んでくると、オスは「本鳴き」から「誘い鳴き」へと求愛用の鳴き声に変えます。どうやらメスに逃げる気配がないとわかると、オスはそろりそろりとメスに近づき、そのままメスがじっとしているときには交尾行動へと移ります。

メスは木の枝などに産卵しますが、卵はそのまま年を越し、翌年の梅雨時になると幼虫になって地中へと移り、木の根から汁を吸って成長するという生活をはじめます。幼虫が地中で生活する長さは栄養状態にもよりますが、普通は２～５年くらいのようです。秋遅くまで鳴いているので「紅葉を呼ぶセミ」というような趣《おもむき》も感じられます。

ツクツクボウシ♀

ツクツクボウシ♂

ツクツクボウシの顔
（■ 成虫）

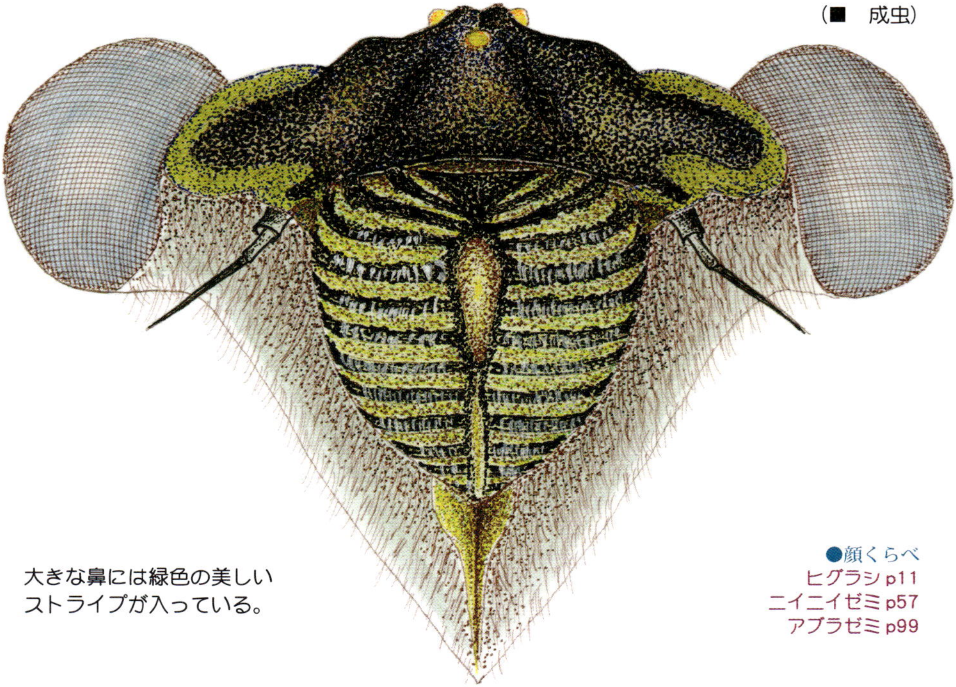

大きな鼻には緑色の美しい
ストライプが入っている。

●顔くらべ
ヒグラシ p11
ニイニイゼミ p57
アブラゼミ p99

ツクツクボウシ

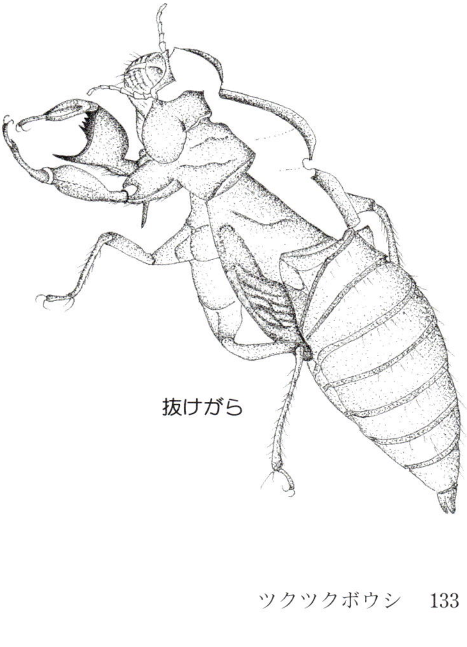

抜けがら

オオホシオナガバチ　美しい産卵

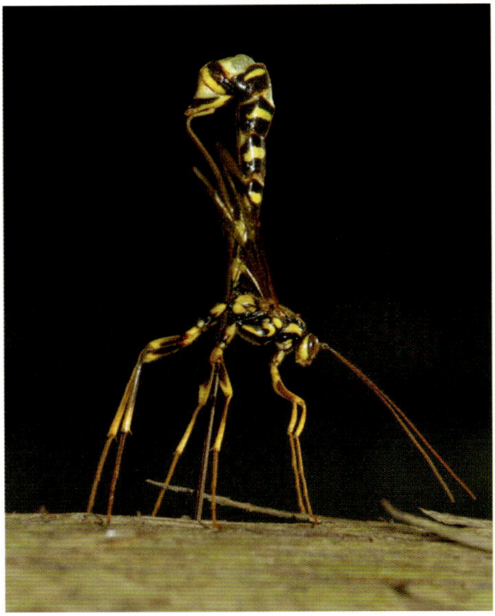

美しい倒立姿勢。

徐々に産卵管が樹中に入っていく。

極端に長い尾のその先にさらに長い針を持っているのがオナガバチの仲間です。中でもとくに大きな種類がオオホシオナガバチで、体長は30mm、針の長さは40mmもあって頭の先端から針の先までなら70mm近くになります。この針に刺されたらさぞ痛いだろうと怖くなりますが、心配ご無用。オナガバチの長い針は産卵管ですので、人を刺すことはありません。

顔はハチ特有の黄色と黒の配色でハンサムな顔立ちです。オオホシオナガバチは樹木の材にすんでいるニホンキバチなどのキバチ類の幼虫に卵を産みつけて寄生するのですが、材の中に潜《ひそ》んでいるキバチ類を探すために、すぐれた感度の触角を使い、幼虫を探し当てると樹皮の上から長い産卵管を差し込んで卵を産みつけます。どうすればあの細い針でかたい樹皮を刺しとおすことができるのか不思議な気がするのですが、見ているとオナガバチは自信満々といった表情で全身の力をこめて木の中に差し込んでいきます。こうして寄生されたキバチの幼虫は、やがて孵《ふ》化《か》してくるオナガバチの幼虫のエサにされてしまいます。

オナガバチの仲間は十数種類以上もいて、おなじように材中のキバチ類に寄生する生活を送っているのですが、残念ながらいまだに同定されることもなく学名も和名もついていない種類が、都市近郊の雑木林にもまだまだすんでいるようです。

オオホシオナガバチの顔
（♀　成虫）

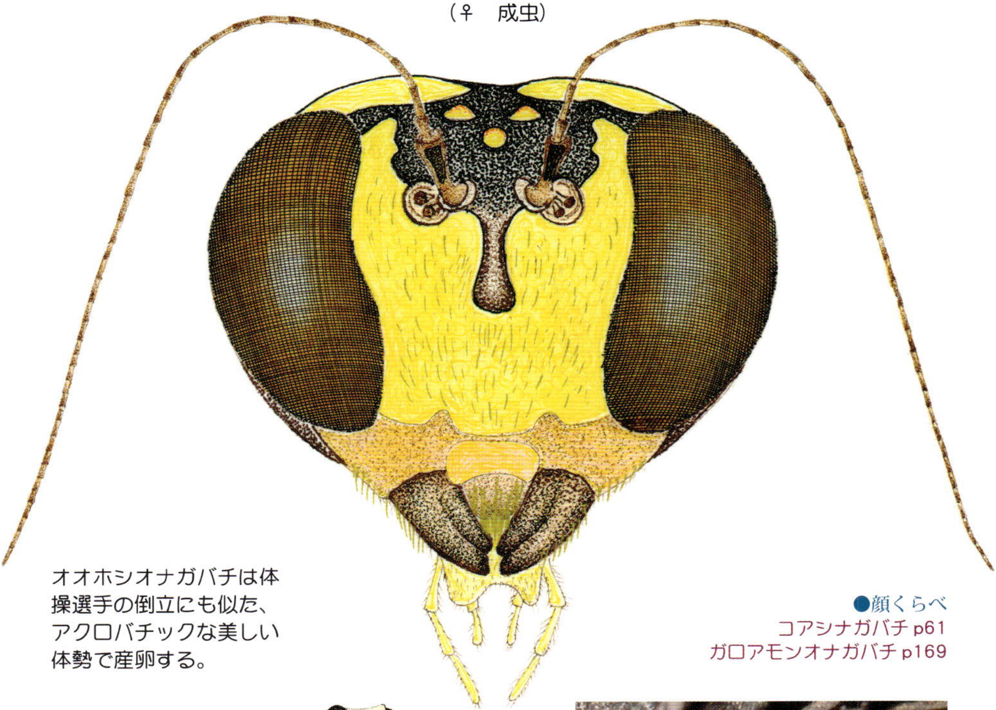

オオホシオナガバチは体操選手の倒立にも似た、アクロバチックな美しい体勢で産卵する。

●顔くらべ
コアシナガバチ p61
ガロアモンオナガバチ p169

オオホシオナガバチ♀

樹上約20mで
産卵する
オオホシオナガバチ

ミカドフキバッタ

老舗の大旦那

別名ミヤマフキバッタともいいますが、必ずしも山地ばかりにすんでいるわけではなく、平地でも多く観察されます。風《ふう》貌《ぼう》は何となく不気味で、たとえていえば、郊外にある老舗の奥で、古い机に使い込んだ大きな算盤《そろばん》を備《そな》えてデンと座っているいかにもしたたかな大旦那タイプ、というところでしょうか。

触角は体のわりには長く、眼も大きくて外敵に対する備えは万全のように見えます。羽は短く、逃げるときはたいてい長い足で跳ねながら逃げていきます。胸の横側には黒色帯があり、後ろ足の付け根は濃いピンク色で、この配色はあまり上品には映りません。

食性は比較的広いらしく、そのせいでしょうか、体は丈夫そうで、そこからミカド（皇帝）の名をもらっていますが、慎重な性格のようです。丈夫そうでも、天敵から逃れるのが精一杯なのかもしれません。湿度の高い下草がたくさんある場所を好んで暮らしているのも、身を守ることを優先して、比較的天敵の少ないところを選んでいるせいなのかもしれません。

ミカドフキバッタ

交尾

ミカドフキバッタの顔
（♀　成虫）

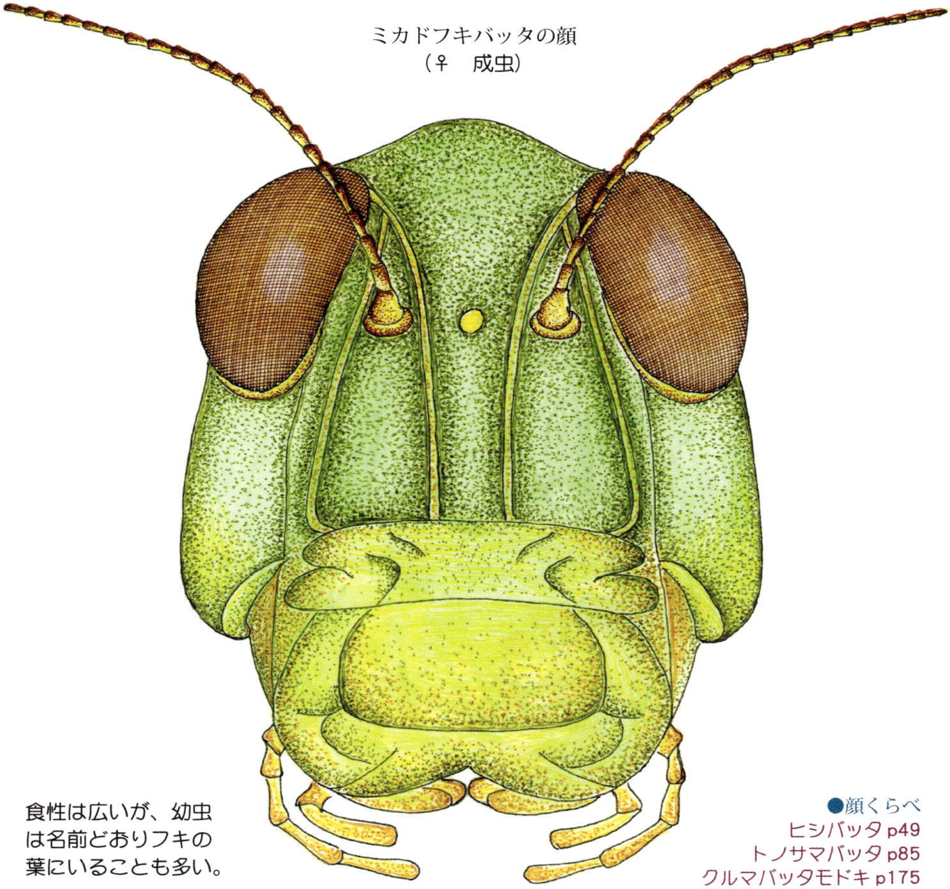

食性は広いが、幼虫は名前どおりフキの葉にいることも多い。

●顔くらべ
ヒシバッタ p49
トノサマバッタ p85
クルマバッタモドキ p175

後ろ足の付け根が濃いピンク。

羽は退化し、短い。

ヒメクロオトシブミ 落とさない「落とし文」

ヒメクロオトシブミは日本全国に生息していますが、体色に地域差があって「赤腹型」「赤足型」「背赤型」「黒色型」の4つのタイプが見られます。進化途上にいる虫なのかもしれません。関東地方では全身真っ黒で、コナラとイバラのあるところでおもに生活していますが、まず「ゆりかご」のつくり方が、ほかのオトシブミとは少し異なっています。ほかのオトシブミでは、葉を巻いて巣をつくるときに葉の主脈を傷つけるのですが、ヒメクロオトシブミの場合には、葉の両側から主脈に向かって葉を切断していき最後まで主脈を残すので、できあがった巣は主脈だけでぶら下がるようになります。

顔全体は巣づくりの重労働をこなすために、首から先が三角状で力を入れたときにガッチリと口先に力が集中するようにできています。体長は4～6mm。体は小粒ながら神経をフル動員して、力が大アゴに集中できるようなつくりになっているからこそ、あの立派な「ゆりかご」づくりが可能なのです。

ドングリから芽を出したコナラの若木で、ヒメクロオトシブミが「ゆりかご」づくりをしている場面に何回か出会ったのですが、いくら葉を使っても小さなコナラの木が枯れてしまうようなことはないようです。

葉の両側を主脈に向かって切断。

大アゴを上手に使って折りたたむ。

見ているこちらまで力が入るほどの重労働だ。

コナラにつくられた巣。主脈でぶら下がっている。

ヒメクロオトシブミの顔
（成虫）

「文《ふみ》」は落とさないが
居心地の良さそうな
ゆりかごをつくる。

●顔くらべ
ウスモンオトシブミ p117

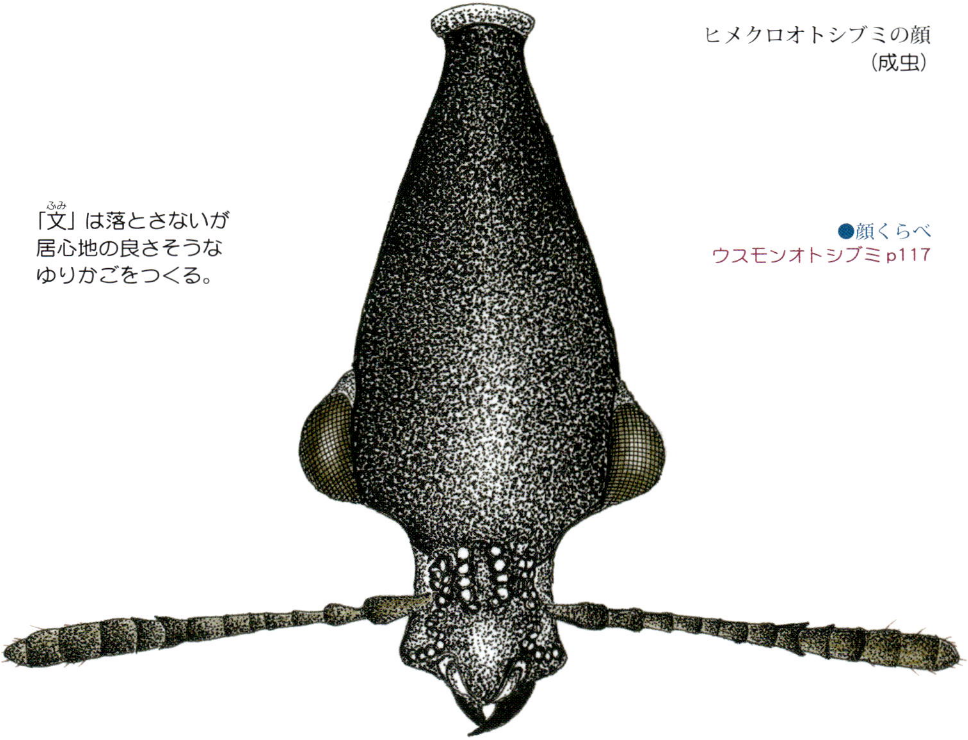

ウスモンオトシブミ同様、巣づくりの最中に交尾。

ハラビロトンボ　ちょっと不格好なトンボ

草地に囲まれた中に池ほど大きくはなくても水たまりがあれば、ハラビロトンボは発生できる、そんな強さを持っているトンボです。体長35mmほど。トンボにしては少し不格好で、腹部が幅広くなっているためにこの名前があります。オスは成熟するにつれて腹部が青白色を帯びるようになり、一方のメスは腹部に黄色の模様のある、どちらもかわいらしいトンボです。

顔には単眼の下あたりに鮮明な藍色《あいいろ》が入り、黄色とこの冴《さ》えた藍色のコントラストは見事です。おそらく、敵に警告を与えるのに役立つような外敵対応のために進化したのでしょうが、色と模様の整った配色は、このトンボをいっそう愛らしく見せるために充分役に立っています。

ちょうど、このトンボが活発に活動している5～8月は、ラン科の可憐《かれん》なネジバナも咲きだして、その小さな花にハラビロトンボがとまっていたりすると、まさに一幅《いっぷく》の名画を見ているような満足な気分に満たされます。水たまりのような場所でも幼虫が生き延びられるせいか、最近は休耕田にも多く見られ、分布を広げているようです。

ハラビロトンボ♀

ハラビロトンボ♂

ハラビロトンボ♀

ハラビロトンボ♂

ハラビロトンボの顔
(♀　成虫)

単眼の下の藍
色が美しい。

●顔くらべ
オニヤンマ p5
ミヤマアカネ p41
オオシオカラトンボ p73

ネジバナにとまる
ハラビロトンボ♀

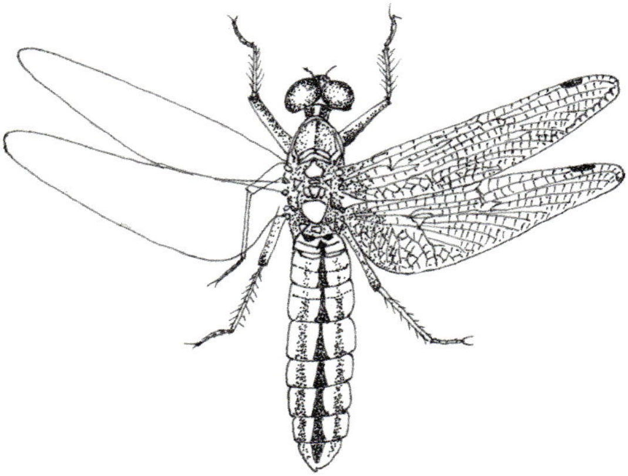

ハラビロトンボ♀

ニトベハラホソツリアブ　お父さん頑張る

奇想天外《きそうてんがい》な顔つきです。頭部のほとんどが眼になっていて長い触角があり、口の先は棒状に長く突き出ています。なぜこんな風貌《ふうぼう》になったのでしょう？　その理由は、このアブの吸蜜のようすから推察できそうです。

この風変わりなアブは雌雄《しゆう》の交尾行動と吸蜜行動が強くつながりを持っています。オスがうまくメスを見つけて交尾をすると、その姿勢のままオスが前になり、2匹が連なって花まで飛びます。花にたどりつくと、メスが花の正面になるように方向を変え、空中で微妙に位置を修正しながら飛びつづけます。メスはこの姿勢のままで懸命《けんめい》に花の蜜を吸うのですが、こんな吸蜜スタイルに有利になるように、吸蜜口を異常に長く発達させたのではないでしょうか。オスはメスが蜜を吸いやすいように懸命にがんばって羽を動かします。そしてその間、何も口にしないのですから、ニトベハラボソツリアブのオスには、交尾の代償はあまりにも大きなものなのです。体長は15mmほど。

交尾後、連なったまま吸蜜するニトベハラホソツリアブ（左♂、右♀）。
♂がホバリングして♀の吸蜜を助け、♀は吸蜜に専念している。

ニトベハラホソツリアブの顔
（♀　成虫）

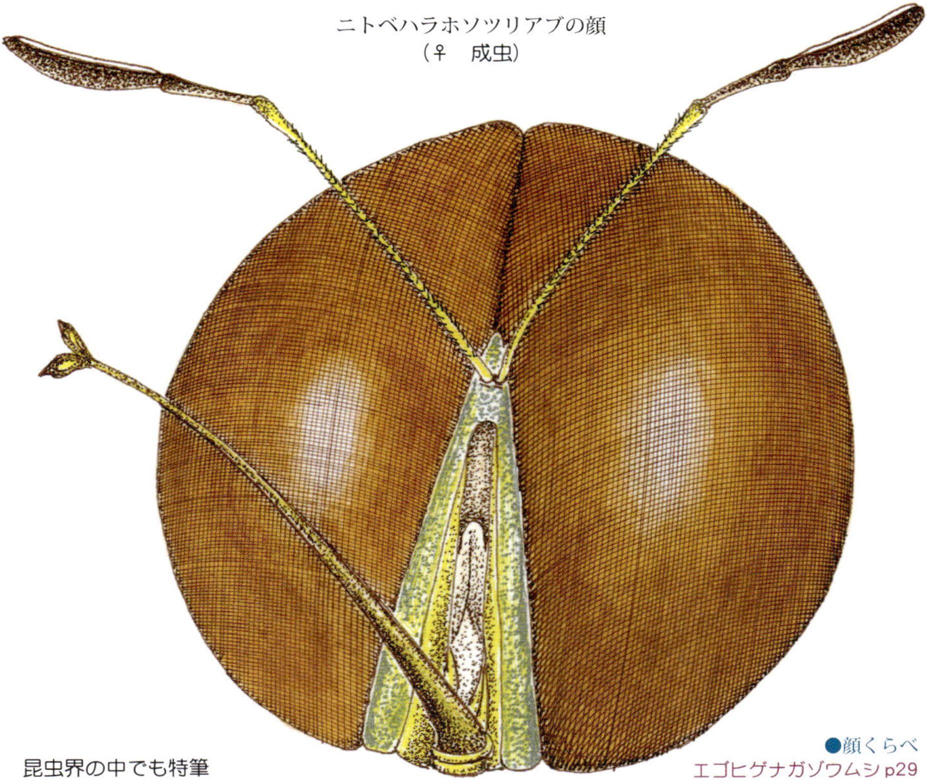

昆虫界の中でも特筆
すべきおもしろい顔。

●顔くらべ
エゴヒゲナガゾウムシ p29
イシノミの一種 p183
（おもしろ顔くらべ）

ニトベハラホソツリアブ

エンマコオロギ ミツカドコオロギ　届いて恋の歌

エンマコオロギは、空き地や畑でコロコロコロリー……と、よく澄んだ美しい声で鳴く虫です。顔は閻魔《えんま》様のように怖そうな表情ですが、鳴き方をよく観察すると、とてもデリケートなことがわかります。エンマコオロギとミツカドコオロギを比較してみましょう。

コオロギの仲間は前羽の上下をこすりあわせて音を出し、それを共鳴させる装置を持っていて、大きな「鳴き声」を出しています。エンマコオロギのコロコロコロリーという鳴き声は「僕はここにいるよ」とメスにアピールするための「本鳴き」で、メスが近くに来ると「誘い鳴き」に変化します。また、競争相手になるようなオスが近づくと「争い鳴き」をしますので、注意深く聞いてみましょう。

一方のミツカドコオロギは、顔が変わっていて上・左・右に「カド」があり、異様なお面でもかぶったような形をしています。「ミツカド」の名前もここからつけられたものです。鳴き声は力強く、「リッリッリッ」と短く区切るように鳴きます。どちらの種もオスは「誘い鳴き」をするのですが、肝心のメスの耳はどこにあるのでしょう？　じつは前足の関節付近に小さな白い鼓膜《こまく》があり、これがコオロギの耳なのです。ここではツヅレサセコオロギの「耳」を図に描いておきましたが、エンマコオロギもミツカドコオロギも同じです。これによって、それぞれの種が自分と同じ種のオスの声を聞き分けているのです。

エンマコオロギ♀

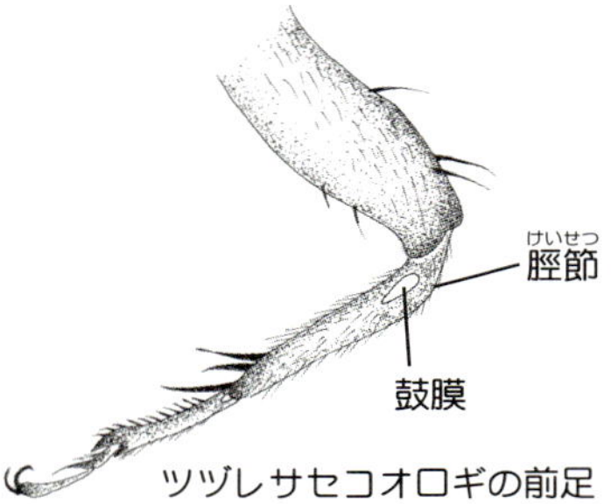

ツヅレサセコオロギの前足

ミツカドコオロギ♂

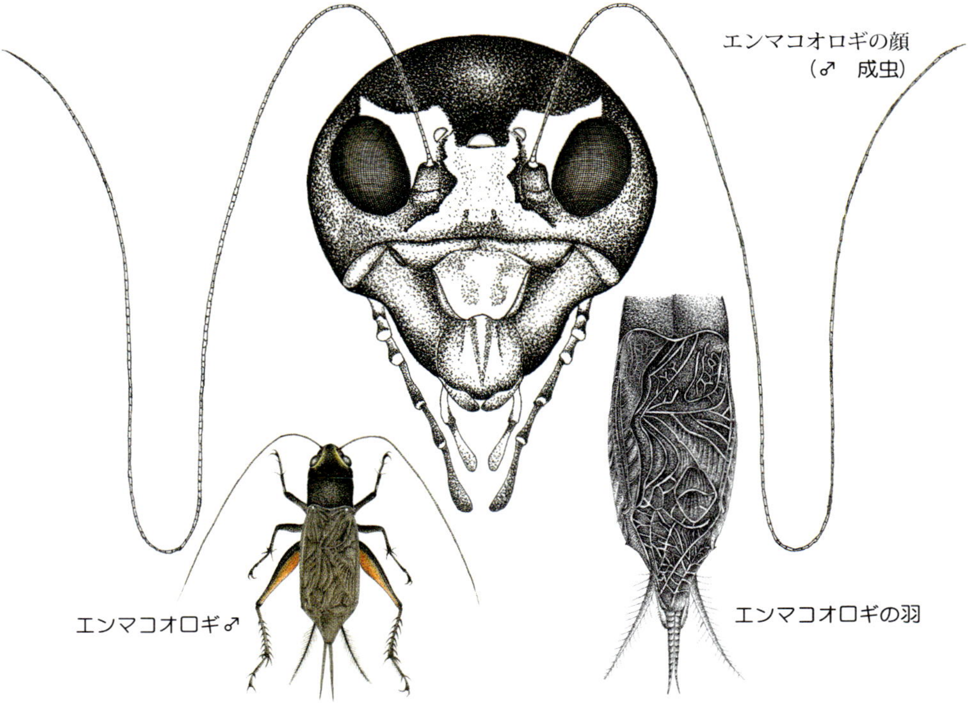

エンマコオロギの顔
（♂　成虫）

エンマコオロギ♂

エンマコオロギの羽

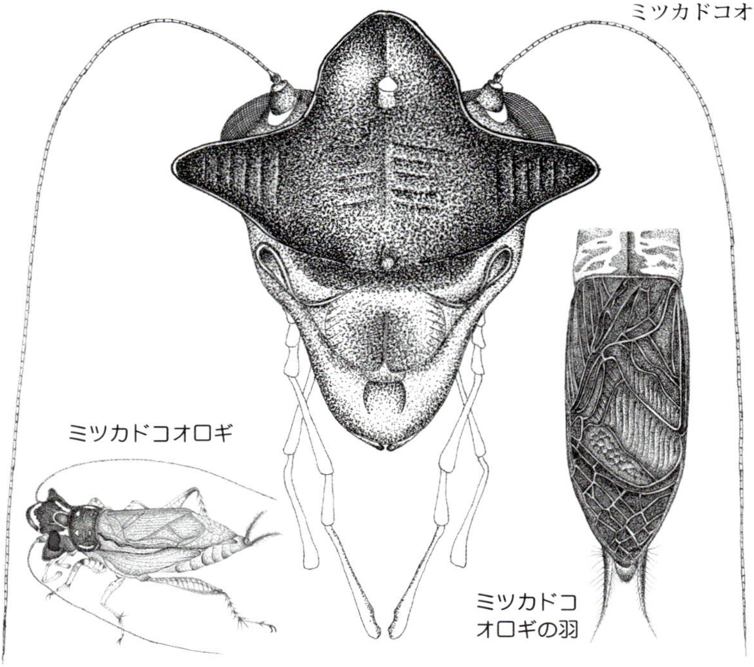

ミツカドコオロギの顔
（成虫）

ミツカドコオロギ

ミツカドコ
オロギの羽

ゴマダラチョウ　里山の共有者

眼の下までのびた「ヒゲ」のせいでしょうか、チョウの顔にしては貫禄《かんろく》もあり、一種の風格《ふうかく》さえ感じられます。眼は360度、周囲を見渡せそうなほどで、触角も長く、蜜を吸う口もオレンジ色の細いらせん状の管《くだ》も、それぞれに鮮明な美しさがあります。

近年、同じ仲間のオオムラサキは生息環境の変化によって、都市公園から姿を消しつつあります。さらに、今までは沖縄地方など暖かい地域に分布していたアカボシゴマダラが、本土の都市域で数を増しているのです。誰かが放蝶したものなのでしょうか？　この熱帯性のチョウの幼虫はゴマダラチョウと同じくエノキを食べています。残念なことに、在来のゴマダラチョウが急速に減りつつあるのと同時に、アカボシゴマダラが急速に数を増やしている、というのが現状です。

ゴマダラチョウは都市近郊、あるいは里山に古くからすんでいた種であり、環境を共有する私たちと同じ生き物として、消えさせてはならない存在です。

森の中を不規則に飛んだり、湿り気のあるところで吸水したり、エサの樹液をなめていたりと、古くからともに暮らしてきたゴマダラチョウがいつまでも元気に飛びまわれるような環境であってほしいと願っています。

吸水するゴマダラチョウ

産卵

卵

ゴマダラチョウの顔
（♀　成虫）

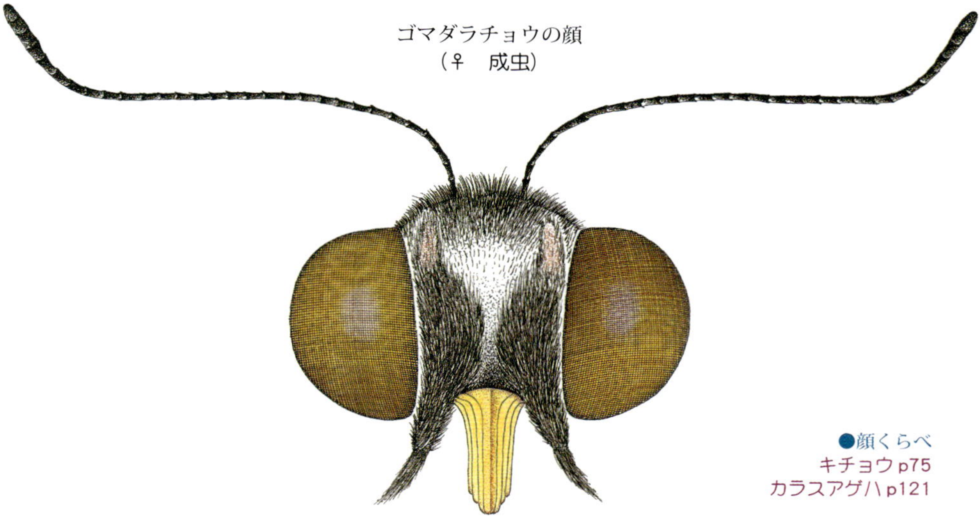

●顔くらべ
キチョウ p75
カラスアゲハ p121

①エノキの枯葉の下で越冬中の幼虫。
②春には緑色に赤い筋までつけて、エノキの新芽にそっくりな姿に。
③エノキの葉上で葉化け。
④サナギも見事にカムフラージュ。
⑤そして羽化。

マメコガネ

害虫と呼ばないで

マメコガネの顔をよく見ると、なかなか隅に置けない、抜け目のないちょっとずる賢そうな顔つきをしているように見えます。さらにじっくり見ていると、なぜだか「欲求不満の駄々《だだ》っ子」の顔にも見えてきて、これはオスの特徴かとメスを確かめると、メスも同じような表情をしていました。

マメ科の植物を中心に、さまざまな植物の葉や花を食べてしまう害虫としても知られています。体全体はバランスの整った美しいコガネムシで、腹の横の関節部分から白い毛束を出し、羽は茶色、それ以外の部分は青緑色と、なかなか美しいデザインです。体長は9～12mmほど。美しいコガネムシなのに、小さくて、大型のコガネムシの仲間入りをさせてもらえないのが悔しいのでしょうか。あるいは、たいして大きな被害をもたらしていないのに、いつも「害虫」として紹介されるのが不満なのかもしれません。

かつて、日本から輸出した苗木についてアメリカへ渡り、天敵のいないのを幸いにアメリカ大陸で害虫として名前をとどろかせたのが印象深く伝えられているせいか、なかなか汚名が晴れないのですが、日本ではそれほど深刻な被害は出していないようです。

交尾

マメコガネの顔
（♀　成虫）

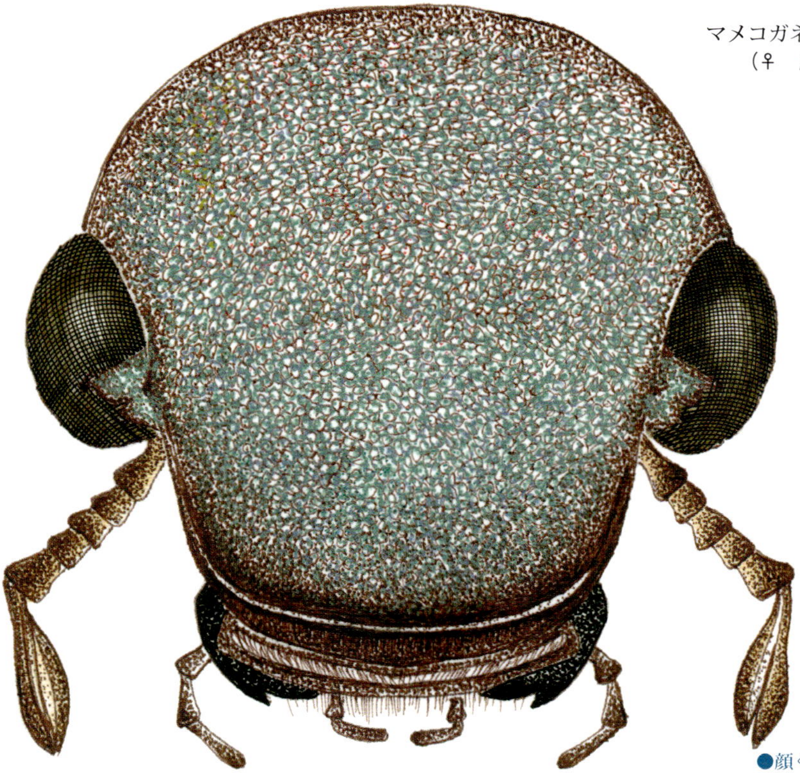

●顔くらべ
クロカナブン p71
アシナガコガネ p83
アオドウガネ p95

観察していると、下の写真のような後ろ足をあげるポーズをよくする。これもマメコガネの特徴のひとつだろう。

マメコガネ

アオメアブ

青い眼のハンター

じつに印象深い眼を持った虫です。一度その複眼を見たら、たいていの人は忘れられなくなるでしょう。エメラルドグリーンとピンクの色彩が太陽の光に反射すると、その美しさは倍増します。アオメアブという名前も、この眼の色からきています。

見かけはこんなに美しい虫なのに、思いのほか獰猛《どうもう》で、飛んでいるトンボやコガネムシ、ハンミョウなど大型でがっしりとした虫を狩り、エサにしています。とらえた虫は足でがっちりとつかみ、かたい針のような口を獲物に差し込んで、体液を吸ってしまいます。そんな習性を知ってから見直すと、なんだか美しい複眼がよりするどく見えてきて、触角も強力なアンテナとして働いているように感じます。

空き地の草の上のような、視界が四方にひらけた場所にいるのをよく見かけますが、彼らの狩りを観察していると、動いている虫がよく見えるらしく、猛烈《もうれつ》なスピードで獲物を追いかけていきます。

体長は20～29mm。おもに7～8月に活動し、野山を歩いていると割合簡単に発見できますから、この眼の輝きとすばらしくスピーディーなハンティングを観察してみてください。

アオメアブ

獲物をとらえたアオメアブ

アオメアブの顔
（♀　成虫）

●顔くらべ
シオヤアブ p27
アシナガムシヒキ p97

アオメアブという名だが、光の加減では下の写真のような眼の色に見えることもある。

アオメアブ

クロオオアリ　分業によって繁栄する

この顔は結婚飛行を終えて地上に降り立った女王アリを描いたものです。日本最大のクロオオアリの代表的な顔といってもよいでしょう。威厳《いげん》のある「女王」というより、どちらかというと「路地裏《ろじうら》で焼きいもを売っているオッちゃん」といった風情《ふぜい》の、ちょっととぼけた顔です。ただ、大アゴはさすがにきめ細かな作業をこなすのに適した形になっています。

親の巣で越冬し、春に巣を出て空中での結婚飛行を終えた女王アリは、5月中旬頃から単独で巣づくりに取りかかります。地上で羽を落とした女王アリは、つくりはじめた巣に、まず10個ほどの卵を産みつけ、自分の羽を動かしていた筋肉を栄養分に変えてエネルギーにしながら子育てをはじめます。やがて最初の卵が幼虫から成虫になり、働きアリとして仕事ができるようになると、女王アリは巣づくりや育児を一切《いっさい》やめて産卵に専念《せんねん》します。一方、働きアリたちは一生産卵することはなく、女王の産んだ卵や幼虫の世話をし、育室や巣内の掃除、エサ集め、巣の拡張工事などをして過ごすのですが、こうした分業によってアリの巣は大きくなってゆきます。ときには働きアリが1000匹以上もいるような大きな巣になることもあり、またひとつの巣が8年以上もつづいたこともあるようです。

働きアリ

オサムシの一種の死がいを巣に運び込む

クロオオアリ女王

クロオオアリの顔
(女王アリ♀　成虫)

●顔くらべ
トゲアリ p39
アミメアリ p109

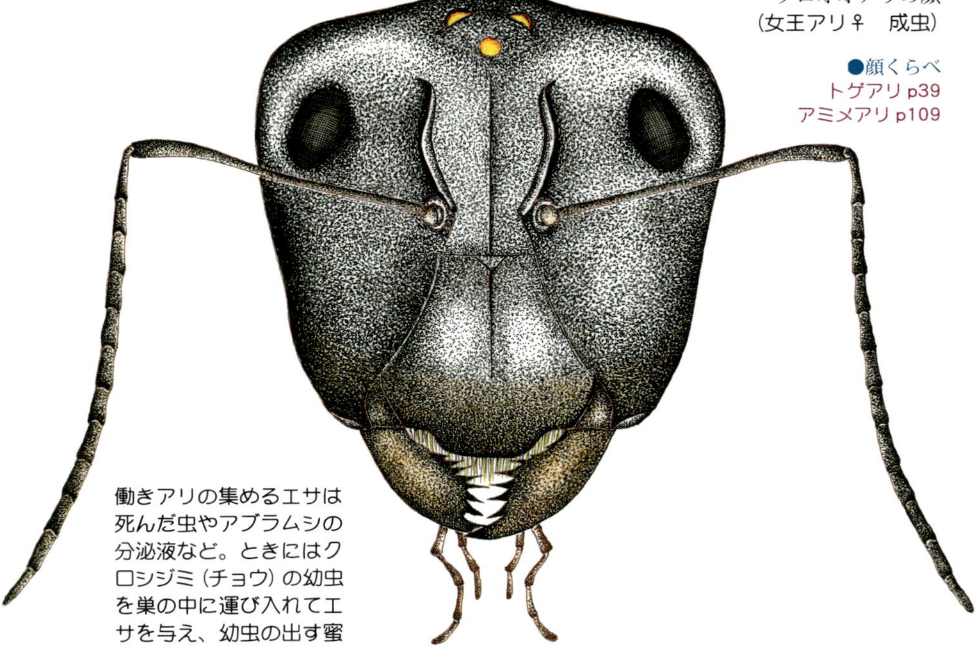

働きアリの集めるエサは死んだ虫やアブラムシの分泌液など。ときにはクロシジミ(チョウ)の幼虫を巣の中に運び入れてエサを与え、幼虫の出す蜜をもらうという共生関係を結んでいることもある。

クロオオアリ

コカマキリ　気は小さくとも五分の魂

コカマキリの顔は、なんとなく素直《すなお》で実直そうな、たとえるならば「小学校の新任の先生が４月に着任したときの顔」。緊張と不安のまじった、ちょっと自信のなさそうな顔でしょうか。

大アゴを使ってほかの虫をつかまえて食べるのは、カマキリのほかの仲間と同じなのですが、トンボなどの大型の種類をつかまえているのを見たことがありません。草地や畑地でバッタなどの小さな虫を食べているのでしょうが、歩き方もソロリソロリと、用心しているような慎重な歩き方をします。体は細く、黒褐色でごく目立たない配色、姿形もひ弱そうなのですが、おどろかすと前足をあげて内側にある黒・白・紫の斑紋《はんもん》を見せて、それなりに威嚇《いかく》してきます。またカムフラージュを心がけてもいるらしく、周囲の環境にまぎれるような保護色を利用して懸命《けんめい》に生き延びているようです。

晩秋には、耐熱耐寒《たいねつたいかん》防湿効果にすぐれた泡状の分泌物をナマコ形に出し（卵《らん》鞘《しょう》）、その中に卵を産みつけて子孫を残していきます。

コカマキリ

コカマキリの顔（♀　成虫）

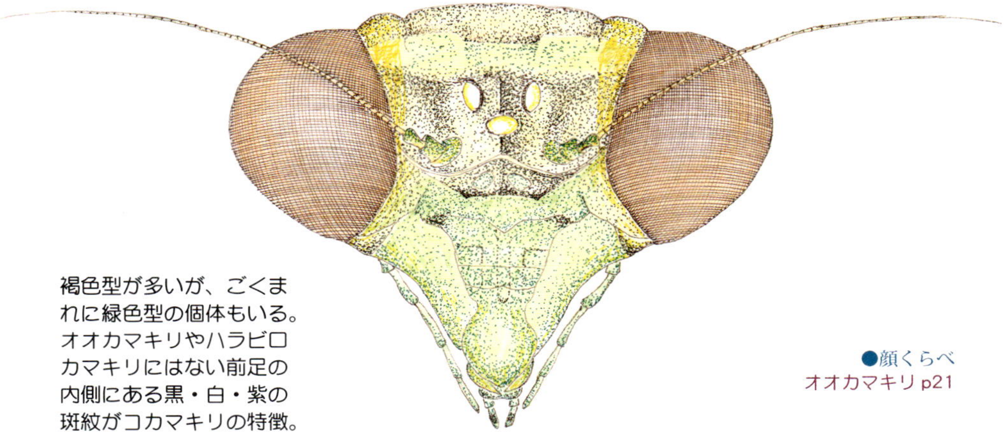

褐色型が多いが、ごくまれに緑色型の個体もいる。オオカマキリやハラビロカマキリにはない前足の内側にある黒・白・紫の斑紋がコカマキリの特徴。

●顔くらべ
オオカマキリ p21

威嚇ポーズ（Photo by 築地 琢郎）

コカマキリの卵
（Photo by 築地 琢郎）

ハンミョウ

幼少時代は忍術使い

　ハンミョウは顔はもちろんのこと、全身に赤・紺・緑のメタリックカラーをまとった光り輝く色鮮やかな虫です。体長は20mm前後。

　顔をよく見ると、大アゴが顔の約半分を占めていて、並外れたするどい歯があります。アリなどの小さな虫を食べるのですが、獲物が近づくと身を低くしてススッと滑るように接近するところなどはまるで猫のようです。長い足ですばやく走り、いきなり大アゴでかぶりつき、するどい歯でバリバリとかみ砕《くだ》き、口から消化液を出して獲物を溶かしてから飲み込みます。頭の金赤色や前胸の金緑色、上羽の紺色と赤銅色などで彩《いろど》られた模様は、一見宝石のように美しいのですが、鳥などには「毒があるぞ！」と知らせる警告色として働いています。全身をおおっているこの色彩で天敵を避けているのですが、実際はこのハンミョウには毒はなく、毒があるように装《よそお》っているだけのようです。

　幼虫は土の中に穴を掘って潜《ひそ》み、平らな自分の頭で穴の入口にふたをして、エサになる虫を待ち伏せしています。さながら「忍法 土《ど》遁《とん》の術」です。獲物が近くを通りかかると、目にもとまらぬ速さでガバッと食らいつき、自分の巣穴に引きずり込んでしまいます。親子ともにほかの虫をつかまえて食べる肉食昆虫です。

近づくと前へ、また近づくとまた前へ。

ハンミョウ

ハンミョウの顔（成虫）

約20mmの小さい虫だが、日本にいるハンミョウ科の中では大きい部類である。

●顔くらべ
トウキョウヒメハンミョウ p43

よく見るとかなり体毛が生えている（Photo by Y. Hino）

アオバハゴロモ　群れると安心なんです

アオバハゴロモはセミの仲間に近く、鼻が幅広く隆起していて、その先端はエサとなる樹液を吸うための針先になっています。かなりとぼけた表情で、なんとなく「楽天家」のように見えます。

体長10mmほど。羽は大きく、閉じているときには顔を包みこむような形でついています。その羽は青緑色で白粉《おしろい》を塗ったような細い筋が縦横に走り、縁はピンク色に染められていて、「羽衣《はごろも》」の名にふさわしい美しさがあります。外国の学者はこれを見て「芸者のように美しい」と思ったのか、この仲間に *Geisha* という学名をつけました。

成虫は枝にとまっているときには、まるでその植物の芽のようにも見えます。近づくと、「ツツッ」と反対側へ移ってしまいます。

幼虫は蠟状《ろうじょう》物質を出し、何匹もがかたまっているので、草の茎に白い綿がついているように見えます。幼虫も成虫も、細い草の茎に何匹もがいっしょに群れて、並んでいることが多いのですが、これも一種の保身術かもしれません。しかし、春先にはスズメがこの虫を追いかけて食べているのをよく見かけます。

アオバハゴロモ

幼虫（Photo by 築地 琢郎）

まるで植物の芽

アオバハゴロモの顔
（♂　成虫）

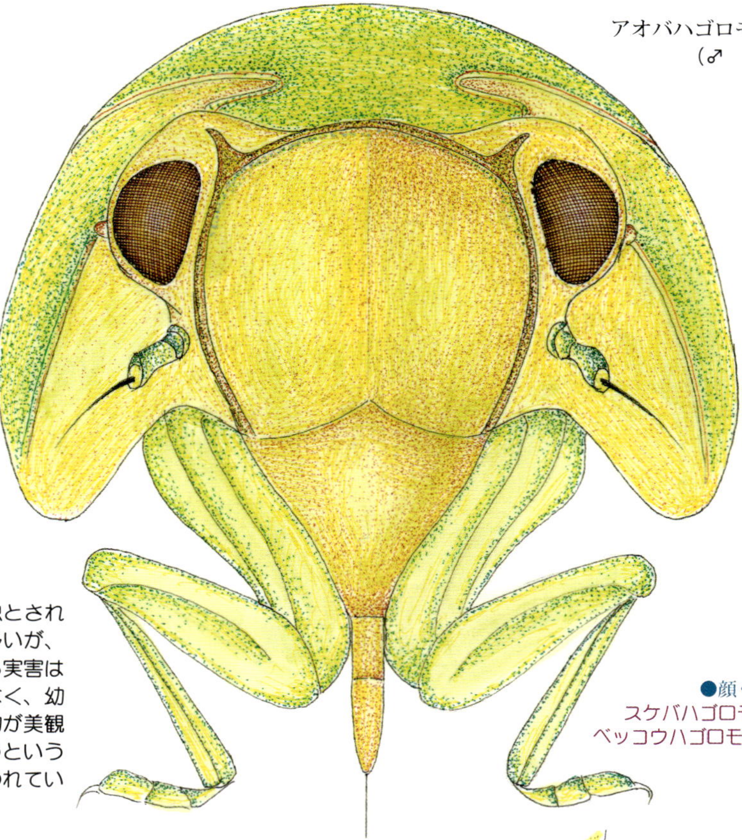

植物の害虫とされることが多いが、吸汁による実害はほとんどなく、幼虫と分泌物が美観をそこなうということで嫌われているようだ。

●顔くらべ
スケバハゴロモ p77
ベッコウハゴロモ p173

分泌物を出し
群れている幼虫
（Photo by 築地 琢郎）

アオバハゴロモ

コマルハナバチ　はかない一生を懸命に生きる

眼が大きく触角も長く鼻も高い、舌もすごくのび、生活力旺盛《おうせい》なハチの典型的な顔つきです。でも、なにか寂しげな表情であるような気がします。

土の中で越冬した女王バチは３月下旬頃から活動をはじめ、地中などで巣づくりをして５～10頭の働きバチを育てます。子どもの働きバチが活動しはじめると、女王バチは産卵に専念《せんねん》するようになります。このあたりはとくにほかのハチと変わらないのですが、そのあと早くも５月下旬以降になると、巣内で新女王とオスバチが羽化し、７月下旬頃には営巣活動を終えて、働きバチも死んでしまいます。そして新女王だけがほかの巣のオスと交尾し、翌年まで生き延びるのです。

ほかのハナバチ類は、８～10月までは営巣活動をするのに、コマルハナバチたちはその約半分の期間しか活動ができない。つまり、自分たちの短い運命を体内に奥深く秘めながら生まれてくるのです。だからでしょうか、その顔はひとしお寂しげに見えてくるのかもしれません。体長は16～20mm。

コマルハナバチ♂

コマルハナバチ♀

コマルハナバチの顔
（♀　成虫）

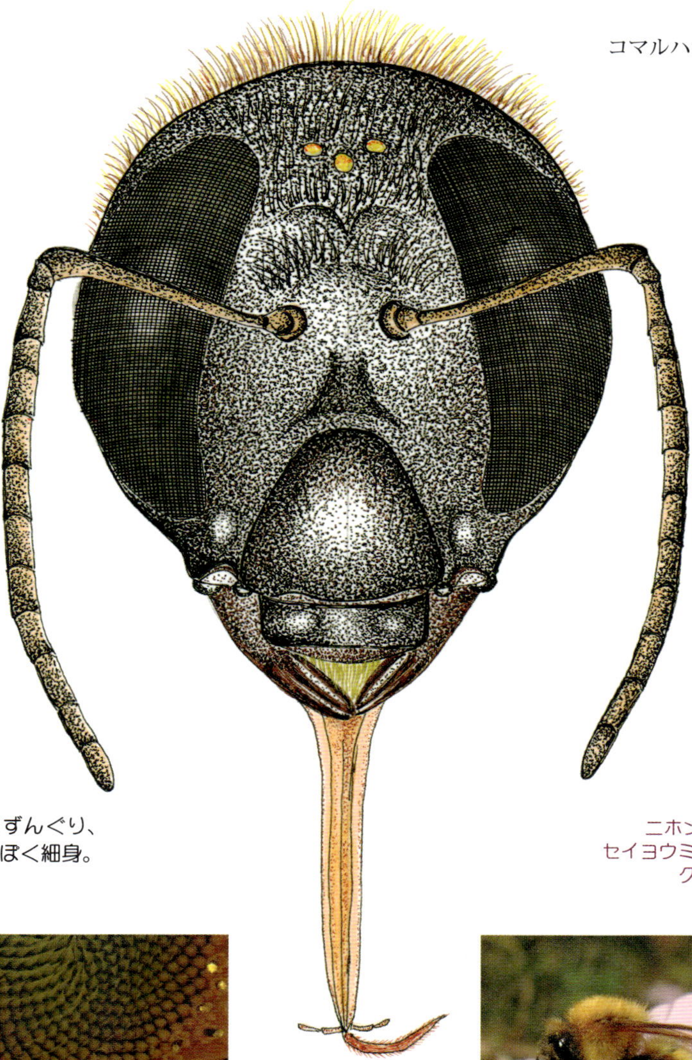

♀は黒くてずんぐり、
♂は黄色っぽく細身。

●顔くらべ
ニホンミツバチ・
セイヨウミツバチ p23
クマバチ p31

コマルハナバチ♀

コマルハナバチ♂

オジロアシナガゾウムシ　パンダかバクか

ゾウムシの仲間のほとんどはすばやい動きを見せないのですが、とくにオジロアシナガゾウムシは動きが緩慢《かんまん》で、歩くのさえゆっくりのんびりとしています。クズの葉や茎をおもに食べているので、そのつるの上で見かけることが多く、一見して鳥のフンに似ているといわれますが、ゆっくりとした動作と体色のせいでしょう。体長は10mmほどで、黒と白のツートンカラー。色はパンダ、横顔はバク、茎につかまる姿はナマケモノのようにも見えます。

鼻は太く少し下へ曲がりながら突き出しています。植物の葉っぱの付け根などのコブ状にふくらんだ部分をかじるのに適した形になっていて、その先端にはするどい歯があります。体はかたく、標本用の虫ピンが刺さらないほどです。前足が太くて長く、この足で植物の茎などに強く抱きついていますが、もともとおとなしくて弱い虫なのでしょうか、近寄るとポロリと枝や葉から落下して死んだふりをしたり、姿をくらましたりします。かたい体の表面には凸凹があり、鳥などは口に入れてもすぐに吐き出してしまいます。食べにくくて手も足も出ない、といったところなのでしょう。そのせいか、顔にも自信の現れた悠然《ゆうぜん》とした表情がうかがえます。

あどけない表情のオジロアシナガゾウムシ。

パンダ？ バク？ ナマケモノ？

オジロアシナガ
ゾウムシの顔
（成虫　前から）

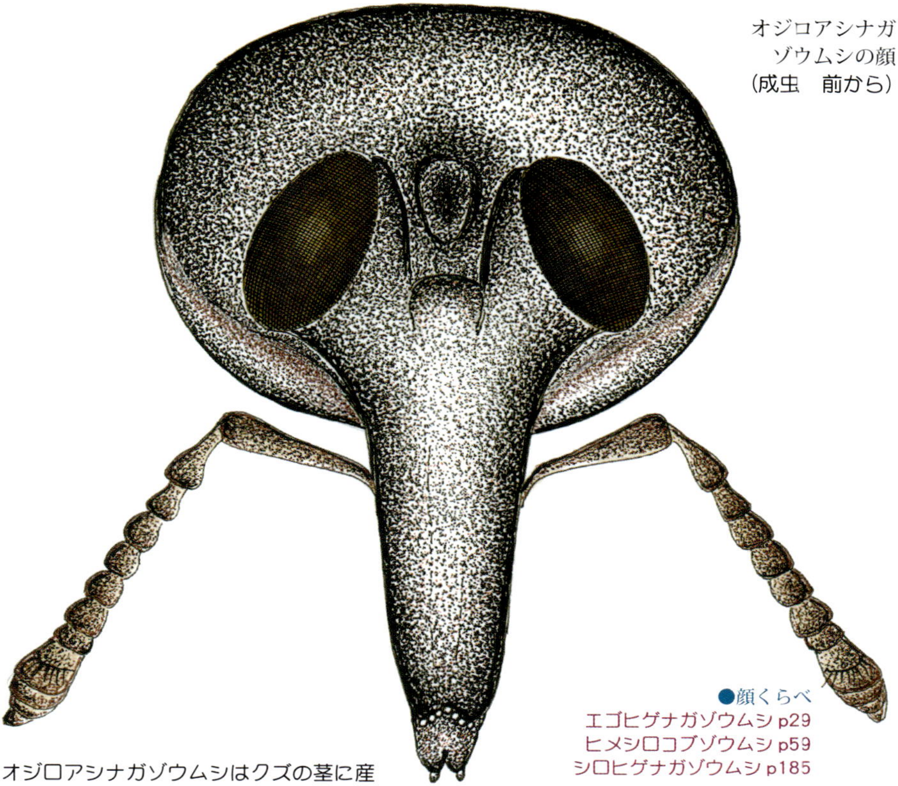

●顔くらべ
エゴヒゲナガゾウムシ p29
ヒメシロコブゾウムシ p59
シロヒゲナガゾウムシ p185

オジロアシナガゾウムシはクズの茎に産卵するが、それがクズクキツトフシという虫こぶになる。こぶの中で幼虫は育つ。

オジロアシナガ
ゾウムシの顔
（成虫　横から）

交尾

エサキモンキツノカメムシ
ハートマークは愛情の印

顔はカメムシらしく、先のとがった三角状のアゴが突き出ていて、その先端から吸汁口が線のように細くのびています。「子どもたちを守る」というこころざしの現れか、くっきりとした黄色のハートマークを背負っています。

日本にいるカメムシの仲間には、子どもを保護しながら育てるカメムシは16種ほど知られており、彼らの行動は「亜社会性」といわれます。とくに子を守る優しいお母さんの姿が印象的です。卵は1度に60～80個を産み、その上におおいかぶさって保護しているのですが、こちらが顔を近づけると卵を隠すように体を傾け、さらに近寄るとカメムシ独特のあの臭《くさ》いにおいを発し、羽を大きくばたつかせます。

卵がかえって1齢幼虫～2齢幼虫になるまで2週間以上がかかります。親虫はその間飲まず食わずです。1カ所にかたまっていた2齢幼虫はやがて散開しはじめ、子どもたちはおのおの熟したミズキの実へ移動し、汁を吸いはじめます。そしてようやく親も木の実の汁にありつけるのです。背中のハートマークは外敵に対する警告と考えられていますが、こんな生活ぶりを見ていると、ハートは親の愛情を表す「あったかマーク」のように思えてきました。

交尾

たくさんの１齢幼虫を抱える
エサキモンキツノカメムシ♀

エサキモンキ
ツノカメムシ
の顔
（♀　成虫）

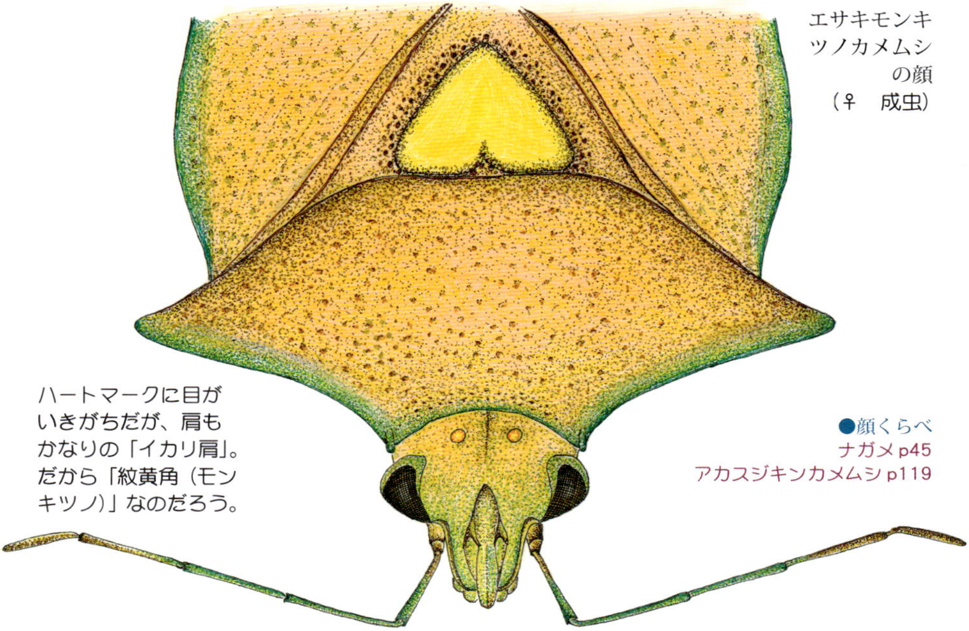

ハートマークに目が
いきがちだが、肩も
かなりの「イカリ肩」。
だから「紋黄角（モン
キツノ）」なのだろう。

●顔くらべ
ナガメ p45
アカスジキンカメムシ p119

卵を守る母親。

1 齢幼虫を守り、臭いにおいを発する。

ミズキの実を吸汁する 2 齢幼虫。

2 齢幼虫と母親。

ようやく食事にありつけた。

クビキリギス

かみついたら命がけ

クビキリギスはキリギリスの仲間で、関東地方には緑色型と赤褐色型の２つの体色のタイプがいますが、本州南部・四国・九州には濃いピンク色の混じるものもいます。顔は先方へ向かって円錐状《えんすいじょう》にとがり、体は細長く、体長は45mmほど。

夏の間は幼虫で過ごして10月頃に成虫となり、草や落ち葉の間にまぎれて成虫のまま越冬し、春になると「ジィージィー……」と連続的で長い音を出して鳴きます。口が大きく、その周囲は濃いオレンジがかったピンク色で彩《いろど》られています。ちょっと化粧が濃すぎる感がありますが、ただ無意味に色をつけているわけではなく、その色彩には警告の意味がありそうです。クビキリギスはその大きな口で一度かみつくと簡単には離しません。無理に離そうとして虫の体を引っぱると、首が切れてしまうのですが、それでもかみついたままのこともあり、そんなところから「クビキリギス」という名前になったのですが、ときどき誤って「クビキリギリス」と呼ばれることもあるようです。この虫をつかまえるときにはかみつかれないように注意しましょう。

顔をよく見ると、個体ごとに違いはあるのですが、とても美しい配色になっていて驚くほどです。外敵の眼をくらますために草の中で葉になりきっていたり、あぶなくなると突然顔のピンクを見せたりと、行動にも愛嬌《あいきょう》があります。

クビキリギス（緑色型）

クビキリギス（赤褐色型）

クビキリギスの顔
（♂　成虫）

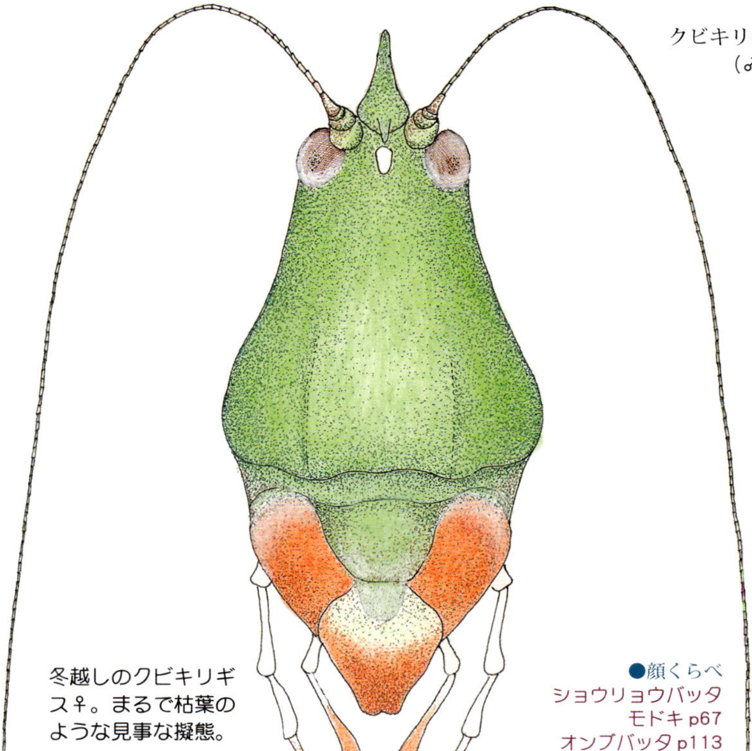

●顔くらべ
ショウリョウバッタモドキ p67
オンブバッタ p113

冬越しのクビキリギス♀。まるで枯葉のような見事な擬態。

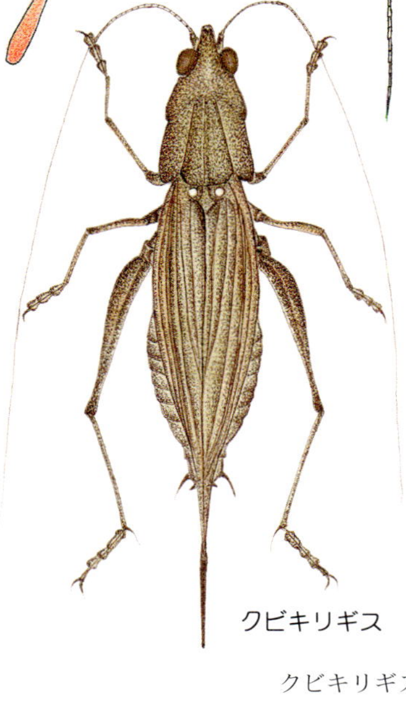

クビキリギス

ガロアモンオナガバチ　産卵は命がけ

ガロアモンオナガバチは、さまざまな甲虫やキバチ類の幼虫に卵を産み、幼虫が寄生生活をする寄生バチの代表格です。雑木林の中で、枯れ木や倒木にすんでいる甲虫やキバチ類を懸命《けんめい》に探して、子孫を残そうとしているガロアモンオナガバチの姿を見ていると、つい「ガンバレ！」と声をかけたくなります。親バチは花蜜くらいは吸えそうな顔ですが、おそらく何も食べないでひたすら交尾と産卵をしているのではないかと考えられています。

産卵管は細く弱く見えるのに、かたい樹皮をつらぬいて、材中の獲物を突き刺すのですから不思議です。観察していると、産卵活動が活発な時期には、樹皮に差し込んだまま抜けなくなった針だけがあちこちに残されていて、オナガバチにとっては命懸けの仕事なのだとわかります。枯れ木や倒木の中の甲虫やキバチ類の幼虫を求めて、触角をセンサーにし、樹肌をさかんに打診しながら探っていきます。そのときのガロアモンオナガバチの表情は、心なしか力強く、凛《りん》とした美しさを感じさせます。親バチの努力とがんばりには、いつも頭が下がる思いです。

ガロアモンオナガバチの産卵

ガロアモン
オナガバチの顔
(♀　成虫)

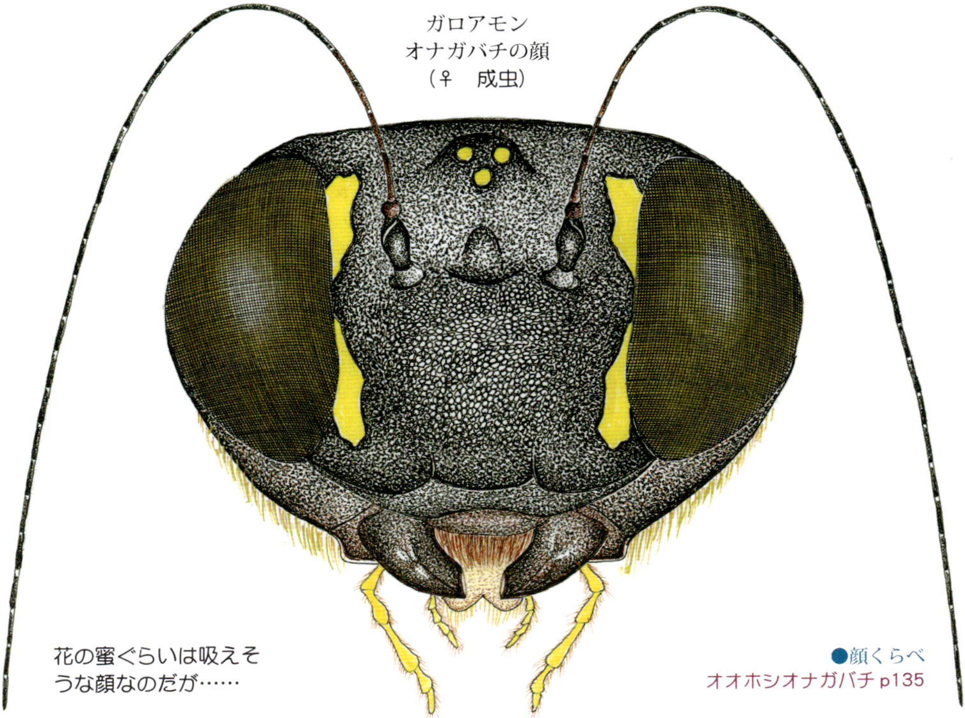

花の蜜ぐらいは吸えそうな顔なのだが……

●顔くらべ
オオホシオナガバチ p135

ガロアモンオナガバチ♀

ガロアモンオナガバチ♀

キマワリ

孤独な枯木の分解者

キマワリはゴミムシダマシの仲間で、顔は大きくてするどい左右の眼が接近し、長い触角と口先には聴診器のようなヒゲもたくわえていて、「むずかしい手術を前にしたお医者さんの怖い表情」というふうに見えます。長い足で枯木の樹肌をグルグルと歩く姿がよく見られます。そこからキマワリという名前になったのですが、なぜそんなに歩きまわるのかよくわかりません。食べ物を探しているより、おそらく子孫を残す産卵場所を探して歩いているのではないかと思われます。

体長は16～20mmほど。羽が金銅色のものと青銅色のものがいますが、お世辞にも美しい虫とはいえません。むしろなにか陰気くさい暗い感じがしてしまうのは、なぜでしょう。

朽ち木の中にすんでいる幼虫は、とてもかたい皮膚に包まれていて、材を食べながら木の中をトンネルのように掘り進んでいきます。やがて幼虫のまま冬を越し、翌年5月頃、材の中でサナギになるといわれています。成虫も幼虫も、枯れ木の有機物を食べているものと思われますが、自然の中でこの虫がどんな役割を果たしているのか、ぜひ観察して考えてみましょう。

樹皮上を歩きまわるキマワリ。

キマワリの顔（成虫）

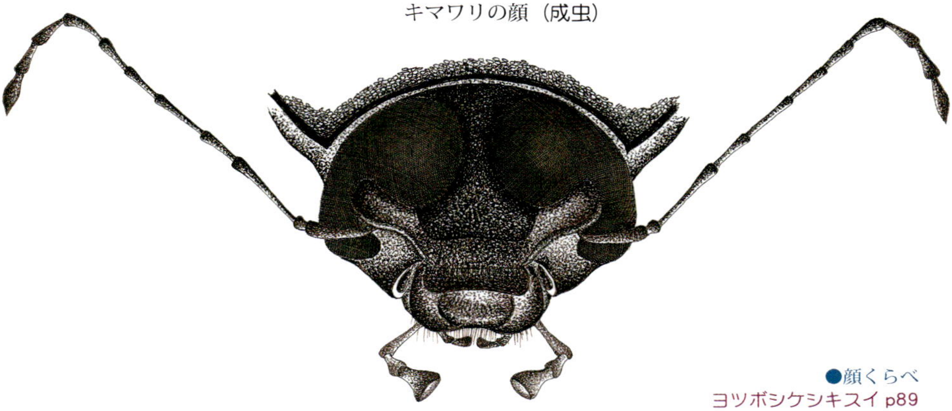

●顔くらべ
ヨツボシケシキスイ p89
ハンミョウ p157

キマワリの体型はコガネムシ類よりやや細長く、外羽には筋が入っている。俗に言うゴミムシに似ているが、ゴミムシダマシ科はカブトムシの仲間で、ゴミムシ科はオサムシの仲間ということになっている。ややこしい。

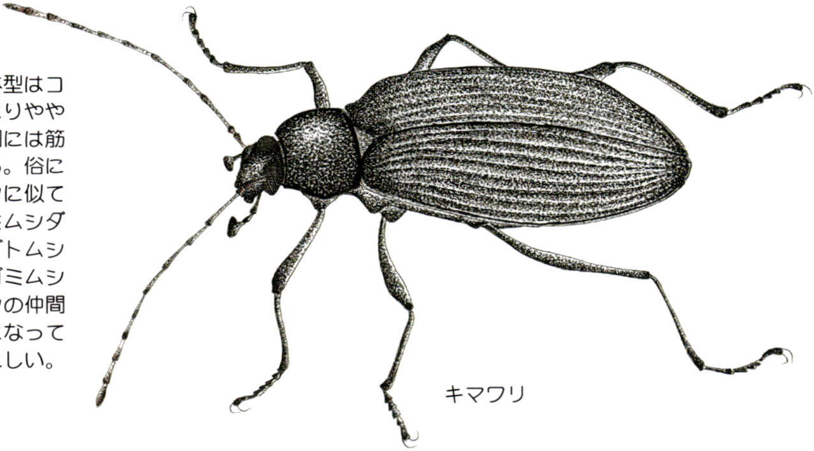

キマワリ

キマワリ

キマワリ

ベッコウハゴロモ　重い荷物を背負う

ベッコウハゴロモはセミに近縁な虫ですから、顔には長い吸汁管をそなえています。顔そのものは扁平《へんぺい》で、眼と触角だけが飛び出しているように見えます。そして少し悲しそうな表情です。

アオバハゴロモと同じハゴロモの仲間ですが、羽は褐色で前羽には2本の幅の広い白斑《はくはん》があります。体長は10mmほど。クズやミカンなどの茎から汁を吸いますが、アオバハゴロモ同様、数匹が茎に並んでとまっているのを見かけます。幼虫は同じハゴロモ科のスケバハゴロモに似ていて、尻の端から蠟状《ろうじょう》物質でできた細い綿毛を広げ、いざというときにはこの綿毛をパラシュートのように広げて落下します。幼虫も成虫と同じように、草から汁を吸って暮らしています。

なぜか成虫幼虫ともに、ハゴロモヤドリガというガの幼虫が寄生します。しかもこのベッコウハゴロモだけに寄生するのです。セミの中でもなぜかヒグラシだけに寄生するガがいたように、こんな小さな体に大きなガの幼虫が取りついているのを見ると、気の毒になってきます。これがベッコウハゴロモの顔にどことなく悲しげなかげりが見える理由です。

ベッコウハゴロモ

寄生されたベッコウハゴロモ。左はアオバハゴロモ。

ベッコウハゴロモ

幼虫

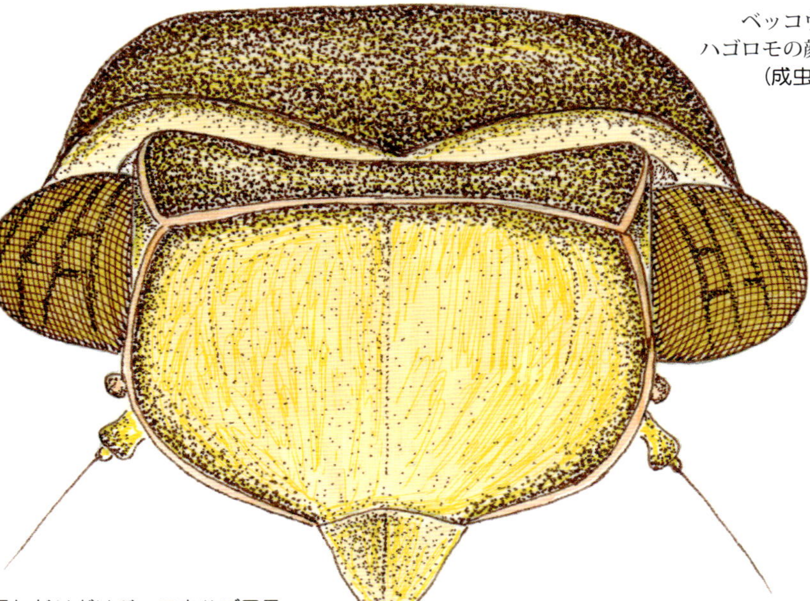

ベッコウ
ハゴロモの顔
（成虫）

ハゴロモヤドリガはベッコウハゴロモ成虫だけではなく幼虫にも寄生する。

●顔くらべ
スケバハゴロモ p77
アオバハゴコモ p159

寄生されたベッコウハゴロモ幼虫。

ハゴロモヤドリガの幼虫に寄生されたベッコウハゴロモ。

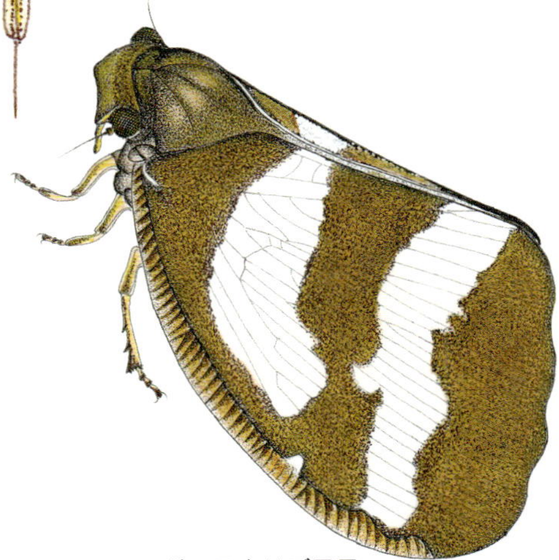

ベッコウハゴロモ

クルマバッタモドキ　古本屋の古だぬき

顔は泰然《たいぜん》自《じ》若《じゃく》といった感じで、「古本屋の奥にデンと構えたオヤジ（古だぬき）」といった風情でなにやら考えこんでいます。日本各地の雑草地で多く観察でき、クルマバッタといっしょに生息している場合もあります。

クルマバッタモドキは、クルマバッタに似ていることから「モドキ（擬き）」とついているのですが、体の色には緑色の部分はまったくなく、褐色または灰褐色、胸の背中側にX字形の斑紋《はんもん》をくっきりとつけています。

草地にいるときには、色も形も周囲の環境にとけ込んでいて見つけにくく、体色が保護色として役立っていることがわかります。体長は20～40mm。昼間は活発に動きまわり、草の葉などを食べています。ふだんは足をバネのようにして跳ることが多いのですが、何かに驚くと羽を使って飛んで逃げます。まるで揃《そろ》いの制服を着ている学生のように、草地に集団で跳ねていることもあります。

クルマバッタモドキ

枯れ草にとけ込む色。

緑の葉の上だと目立つ。

クルマバッタモドキの顔
（♀　成虫）

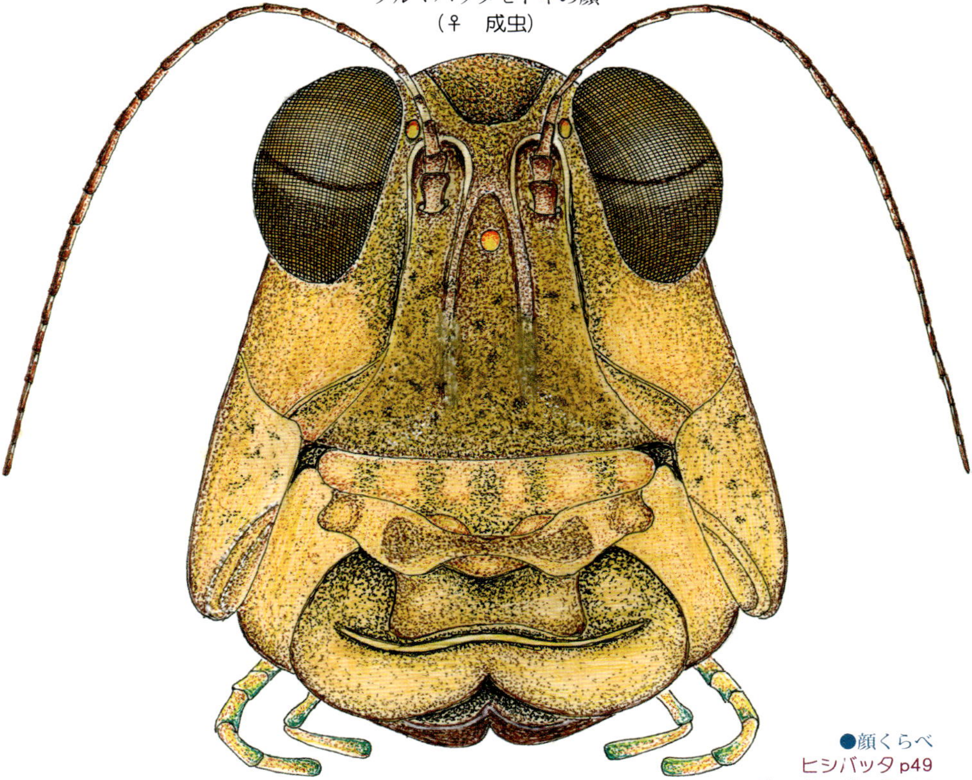

●顔くらべ
ヒシバッタ p49
トノサマバッタ p85
ミカドフキバッタ p137

クルマバッタとクルマバッタモドキは、上から見た胸部のＸ模様の有無で判別する。

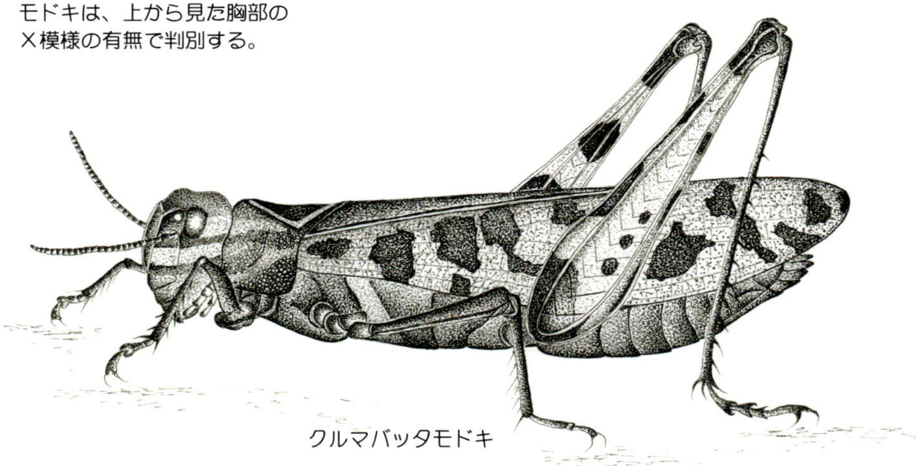

クルマバッタモドキ

ジンガサハムシ　黄金色のブローチ

ジンガサハムシは、戦国時代や江戸時代、足軽と呼ばれた下級武士がかぶっていた「陣笠《じんがさ》」に体が似ていることから名づけられました。

ほのかに透きとおる陣笠の下に見え隠れしている顔は、団子《だんご》っ鼻の中央に銀白色の斑紋《はんもん》があり、触角もそこから出ています。そのすぐ下には「ブタの鼻」を描いたような黒褐色の紋様《もんよう》もあって、ちょうど「子どもが駄々《だだ》をこねているときの表情」のように見えます。

体長は9mmほど。成虫も幼虫もヒルガオの葉を食べています。ヒルガオはアサガオのような漏斗《ろうと》形の花を咲かせる野草ですが、その花を見つけたら葉の裏を見てみましょう。そこに「金色のブローチ」を見つけたら、ジンガサハムシかもしれません。成虫の背中には透明なところがあるので、顔や足の動きも見ることができます。透明感のある黄金色に輝く美しさとともに、陣笠の下の動きもじっくり観察してみましょう。

幼虫も自分の脱皮がらを背負っていて、なかなか奇妙な体型ですが、成虫の陣笠も幼虫の脱皮がらも外敵に対する防御手段なのです。

透明部分が多い個体。

褐色部分が多い個体。

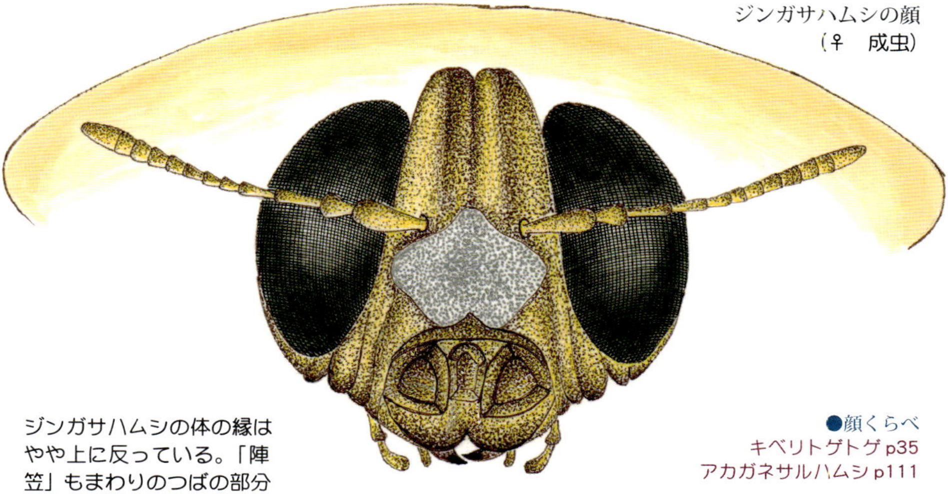
ジンガサハムシの顔
（♀　成虫）

ジンガサハムシの体の縁はやや上に反っている。「陣笠」もまわりのつばの部分が反っているものが多く、まさに体が名を表している。

●顔くらべ
キベリトゲトゲ p35
アカガネサルハムシ p111

卵

脱皮がらを背に乗せた幼虫。

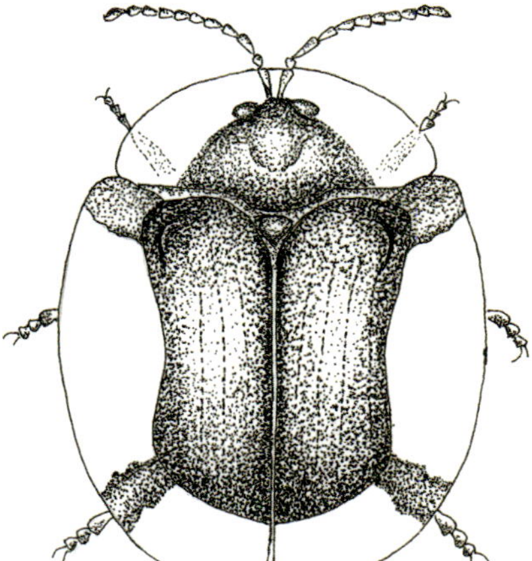
ジンガサハムシ

キスジセアカカギバラバチ 生き残りは数で勝負

赤・黄・黒の派手な色彩をしている寄生バチですが、はじめて見たときには、雑草の広い葉の縁にとまり、腰を曲げて何かをしているような様子で、次から次へと忙《いそが》しげに葉から葉へと移りながら同じ動作をくり返していました。尾端を葉の裏側へ曲げていましたので、産卵しているのかと見当はつけたものの、産卵したことを確かめることができません。カギバラバチの仲間は、葉の裏に肉眼では見つけることがむずかしいほどのとても小さな卵を、糊《のり》づけするように1つずつ産みつけていくのですが、尾端が腹側へ向かって釣り針状に曲がっていることで、産卵が能率的に進められるように適応した形をしています。そのため、産卵している瞬間を目撃するのはむずかしいのです。

この寄生バチは、特定の植物に産卵するのではなく、ガやハバチの幼虫が食べそうな葉を、おおざっぱに選んで産卵しているように見えます。そして、ガやハバチの幼虫が、葉といっしょにその小さな卵を飲み込んでくれるのを期待しているわけで、飲み込まれてガやハバチの幼虫の体内に取り込まれた段階で、やっと寄生が成功したことになります。

顔を見ると、ノコギリ状の頑丈な大アゴがありますが、これはきっと長い期間産卵を続けるために必要な栄養を補うために、ほかの虫をエサにしなければならないからなのでしょう。

キスジセアカカギバラバチ♀

キスジセアカカギバラバチの顔（♀　成虫）

故岩田久二雄博士がこの不思議な生態を持つ寄生バチの産卵数を詳しく調べた結果、このハチの寿命はかなり長く、長期にわたって産卵する能力があり、栄養状態がよければ最低でも２万粒以上産卵することができるそうだ。産卵方法から考えると、目的の幼虫に寄生できる確率はかなり低いが、それを数で補っているというわけである。

●顔くらべ
ナミヒメベッコウ p55
オオシロフベッコウ p103
ベッコウバチ p127

尾端が下向きに曲がっている。

キスジセアカカギバラバチ♀

ホタルガ　毒と異臭は生き延びる知恵

　ホタルガは首まわりにホタルと同じようなピンク色の襟巻《えりま》きをつけ、黒い羽には幅広の白い帯を走らせています。成虫は昼間ひらひらとゆっくり飛んでいるのですが、左右の羽にある白い帯が羽ばたくことにより白い輪のように見えます。これが外敵防御の役目を果たすようです。特筆すべきは、体内に青酸毒を持っていて、鳥や昆虫食の動物はうっかり口に入れてもすぐに吐き出してしまいますし、また成虫も幼虫も外敵の嫌う特殊な匂いの体液を分泌《ぶんぴ》して、敵に食べられるのを防いでいるのです。羽の開帳は45mmほど。

　センサーの役割をする触角を見てみましょう。櫛《くし》の歯のように細《こまか》くギザギザになっています。オスにとってこの触角のセンサーは、メスの出すフェロモンをいち早く察知して交尾行動へと移るための装置なのです。雌雄が交尾しているときには白い帯が2本になり、よく目立つのですが、いやな匂いや味の忌避《きひ》効果でしょうか、外敵も近寄ってはきません。幼虫はヒサカキやサカキなどの葉を食べて育つので、都市の住宅地にも多くすんでいます。

　幼虫は黒と黄色の目立つしま模様です。やはり外敵には敬遠されているようで、一見ひ弱に見える虫でも、さまざまな知恵によって敵を退ける機能を持っているのには、舌を巻くばかりです。

ホタルガ♂

交尾

ホタルガの顔（♂　成虫）

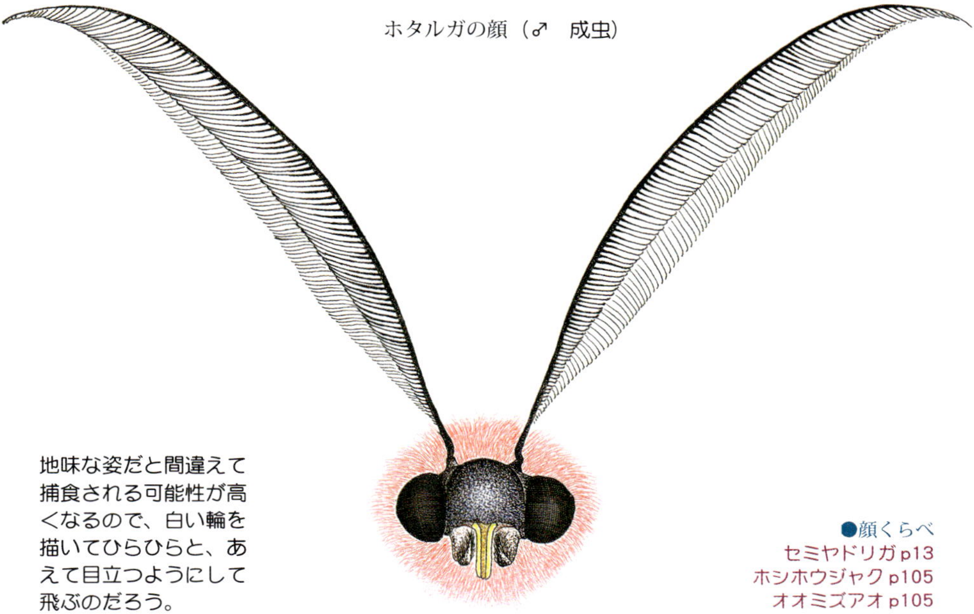

地味な姿だと間違えて捕食される可能性が高くなるので、白い輪を描いてひらひらと、あえて目立つようにして飛ぶのだろう。

●顔くらべ
セミヤドリガ p13
ホシホウジャク p105
オオミズアオ p105

美しい形状の触角

幼虫

繭《まゆ》

イシノミの一種　動物のはじまりの顔は？

この顔を見て、おおかたの人はSF映画などに登場する、まるで顔全体が眼でおおわれているような宇宙人の顔を連想するのではないでしょうか。想像で描かれている宇宙人の顔にそっくりに見えますが、逆に、そのような想像図は、案外こんな虫の顔などをヒントに考案されたものかもしれません。

いずれにしても、虫の祖先はみなこんな顔で地球上に登場し、進化とともに次第に大きく変化してきたのではないかと想像されます。生き物たち、とくに虫たちの顔のはじまりや進化の道筋を想像してみるのは楽しいものです。

イシノミはきわめて原始的な系統の虫で、体表には鱗粉《りんぷん》による複雑な模様を持ち、変異がとても多い昆虫です。イシノミの仲間はさまざまな植物が豊かにしげった場所で、樹肌や岩の上、落葉中に見出され、地上に繁殖している藻類《そうるい》や落ち葉を食べて生活しています。

あまりにも飛躍しすぎかもしれませんが、私たちのご先祖様のそのまたはじまりの動物がこんな顔をしていたのかと思うと、なんだか妙な気分になります。

イシノミの一種

イシノミの一種の顔
（成虫）

こんな体型でも意外にすばやく、危険を
察知すると飛び跳ねて逃げる。羽はない。

●顔くらべ
ヤマトシリアゲ p9
ニトベハラホソツリアブ p143
（おもしろ顔くらべ）

イシノミの一種

シロヒゲナガゾウムシ　怒った顔で死んだふり

雑木林にあるコナラの枯木や倒木に多いゾウムシの仲間ですが、頭と羽と尾の部分に白い帯がまばらに入っているため、樹皮の色とそっくりでよく見落としてしまいがちです。これも保護色の力を借りて、身を守っている例といえるでしょう。樹液などをエサにしているような様子はなく、おそらく枯れ枝などに付着している藻類《そうるい》を食べているのではないかと考えられていますが、詳しいことはわかっていません。

シロヒゲナガゾウムシの顔は「できそこないのヒョウタン」のような形で、眼は大きく外側に張り出し、眼と眼の中間ぐらいの位置にはV字型の斑紋があって、なんとなく怒っているようにも見えます。顔は黒褐色ですが、比較的長い白毛が密生しているのも特徴の一つです。

近づくと危険を察して、樹肌からポロリと下へ落ち、足を上に向けたまま30分以上も動かないこともあります。死んだふりをして外敵をやり過ごそうとしているのでしょうか。

交尾の時期になると、オスはメスを守るように長い長い触角でメスの体を囲み、ほかのオスにとられないようにしている姿が観察できます。雑木林のコナラの枯木にはナガゴマフカミキリがたくさんいますが、シロヒゲナガゾウムシはそれに次いで数が多いのではないでしょうか。保護色を使うだけでなく、ほとんど動かないので発見しにくいのですが、じっくりと観察するにはもってこいの虫です。

長い触角で♀を囲む。♂の触角は長いが、♀のは♂の半分以下。

シロヒゲナガゾウムシの顔
（♂　成虫　前から）

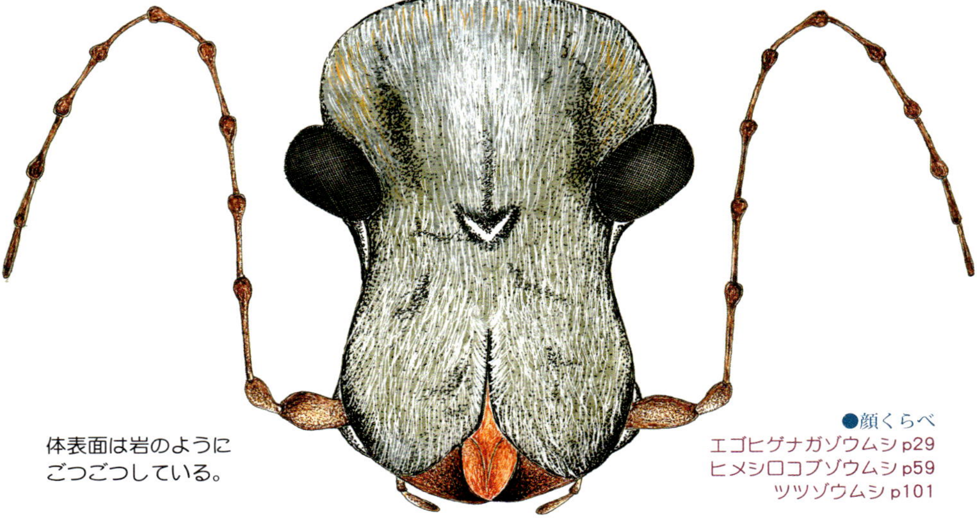

体表面は岩のように
ごつごつしている。

●顔くらべ
エゴヒゲナガゾウムシ p29
ヒメシロコブゾウムシ p59
ツツゾウムシ p101

シロヒゲナガゾウムシ♂

交尾

キイロホソガガンボ　土から生えてきた!?

　ガガンボ類は注意していないと、私たちの目にとまりにくいのですが、虫たちの中でも種類数の多い大きなグループをなしていて、ほかの虫たちのエサになる可能性が高く、生物界全般に対する貢献《こうけん》度の高いグループです。

　キイロホソガガンボが羽化《うか》する瞬間にたまたま立ち会ったことがあります。土の中から何やら黄色い虫がまるで植物のように垂直に伸び上がってきて、それから約10分くらいの間に、完全に地上に姿を現して羽もすっかり乾いて広がりました。

　キイロホソガガンボは下方に茶筒か何かをくっつけたような顔の形をしていて、さらにその左右にはヒゲが長く垂れ下がっています。口の先が二股に分かれて何かを吸いこむような形になっていますが、この口がどんな機能を持ち、何を食べているのか、今までのところまったくわかりません。野外では葉の上にとまっているのを見るだけで、活発に活動している様子を観察したことがないので、ぜひ、動いているを見て生態を観察したいものです。

　よく似た仲間のキリウジガガンボは稲の害虫として知られ、キイロホソガガンボも麦畑の害虫と見なされていることがあります。

キイロホソガガンボ

羽化の瞬間。
お尻はまだ土の中。

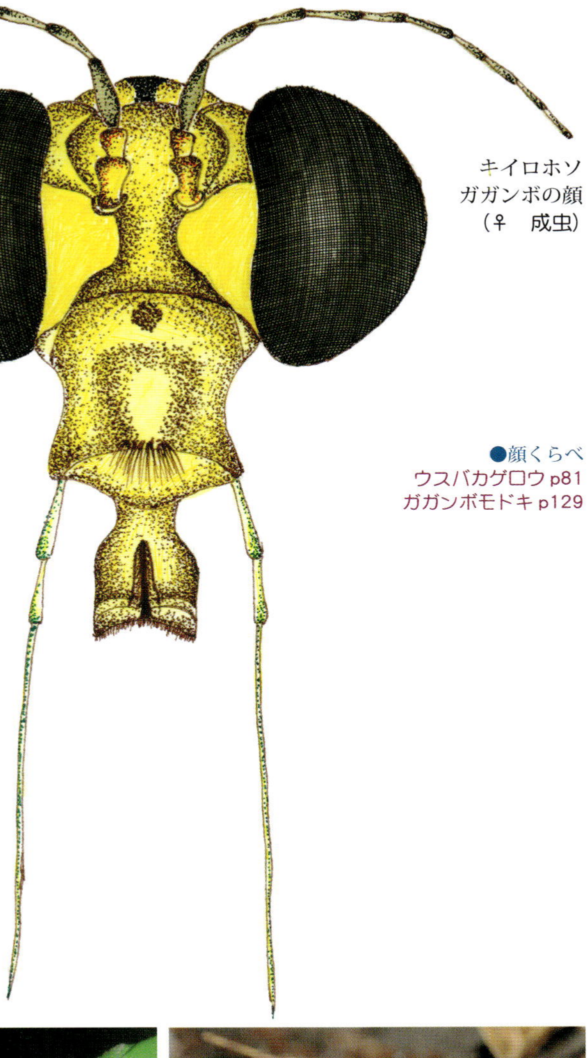

キイロホソガガンボの顔
（♀　成虫）

●顔くらべ
ウスバカゲロウ p81
ガガンボモドキ p129

体は鮮やかな黄色で、背に３本の黒い紋、腹にも黒い模様がある。

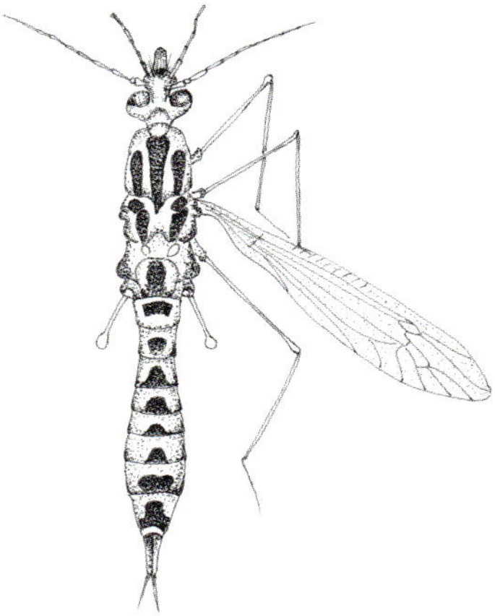

交尾

キイロホソガガンボ

モリチャバネゴキブリ　歴史の証言者

　モリチャバネゴキブリは、家の中に進出しているチャバネゴキブリやクロゴキブリと体は同じつくりながら、いまだに森や林の落ち葉の下で暮らしています。ゴキブリの仲間は、およそ3億年前の古生代《こせいだい》にはすでに今と同じような形のものがいたことがわかっています。ただし、古生代のゴキブリには産卵管がありました。今のように産卵管の見えないゴキブリのは2億3000年前の三畳紀《さんじょうき》後期の地層から見つかった化石が、今のところもっとも古いものです。

　モリチャバネゴキブリの顔を見ると、必要不可欠な機能のみをギュッと詰め込んだ、見事な省エネ型の顔です。眼、触角、口アゴ付近のヒゲ（感覚毛）とするどい歯を巧《たく》みに配置した顔は、おそらく基本的に3億年もの間、大きな変化もなくそのまま受け継がれてきたのでしょう。そう思って見ていると、顔面に王冠のような模様もあり「われこそは森の賢者なり」と主張しているようです。

　集合フェロモンなどの化学的な手段で仲間の結束をはかり、危険を回避する知恵も持っています。3億年の歳月をかけて完成させたシステムは完全であり、するどい感覚毛をフルに使って生き延びてきた長い長い歴史があるのです。この先、人類が経験してから学ぶことをもすでに知っているのかもしれません。この顔には、何回もの環境の激変を経験し、見事に乗り越えてきた自信のようなものさえ感じます。

モリチャバネ
ゴキブリ

モリチャバネゴキブリの顔（♀　成虫）

クロゴキブリの顔（成虫）

人類に嫌われている虫の代表格、クロゴキブリの顔はスッキリと無駄のないシンプルな形。体はきわめて扁平《へんぺい》で狭いすき間も簡単に通り抜け、しかも足が速い。どれも生き抜くための知恵を凝縮したような「完璧なる進化を遂げた虫」なのかもしれない。

あとがき

以前から昆虫をくわしく調べるために、顕微鏡で虫の体のあちこちを見ていました。虫の顔をまじまじと見ていたら、それぞれの虫たちが自分たちに都合よく顔を進化させていることが次第にわかってきました。おとなしい顔、悲しそうな顔、ずるそうな顔、怖い顔、奇妙な顔などなど、何かしらの理由があっていろいろな容貌《ようぼう》があり、きわめて個性的な顔であることに驚いたのです。そして、虫の顔を描きはじめました。

むかし、昆虫採集は夏休みの宿題の定番でした。子どもたちが命の大切さ、すばらしさを肌で感じる絶好の教育のチャンスだったのです。しかし、現在の都会では身近な自然が著しく減少し、子どもが捕虫網で採集する場所もめっきり少なくなりました。緑を残そうと努力しているようにみられる都市公園でも、虫たちの視点で見れば、雑木林の下草を刈り取られていたり、危ないという理由で小さな池さえもなかったり、虫たちの重要なオアシスが排除されています。

また、近年、子どもたちの理科ばなれが叫ばれる一方、休日の公園には子ども連れのお父さんお母さんたちを大勢見かけます。いい機会なので、ぜひとも公園内を歩きながら、家族で虫たちを観察してみてください。そこには身近で、しかも奥深い自然が見えてくるはずです。たいていの子どもは虫に興味があり、家族で自然にふれあうことにより、楽しく自然の大切さ、命の大切さを学ぶことができます。そんなときにこの本をご覧いただき、「へぇ～、こんな顔しているんだ」と、ご家族で楽しんでいただけましたら望外の喜びです。

この本は「昆虫の顔のおもしろさ」を写真ではなくイラストで表現しています。ですから私自身が見て感じた虫の顔を少しデフォルメして描いているものもあります。また、昆虫には雌雄が判別しにくいものも多く、一部で明記していないものもあります。ご了承いただければ幸いです。

最後になりましたが、家族とともに過ごすはずの時間を、昆虫の撮影、原稿の執筆などに費やしたことを許してくれた妻博子に、そして拙い文章に手を入れていただいた八坂書房八坂立人氏、中居惠子氏に心より感謝する次第です。

著　者

参考文献一覧

朝日新聞社編　『動物たちの地球』〔週刊朝日百科〕73〜82　平成4年
石井 誠 『昆虫採集KIDS』　小学館　平成11年
石田昇三・小島圭三・石田勝義・杉村光俊 『日本産トンボ幼虫・成虫検索図説』　東海大学出版会　平成1年
岩田久二雄 『自然観察者の手記』　朝日新聞社　昭和50年
岩田久二雄 『ハチの生活』　岩波書店　昭和49年
岩田久二雄 『本能の進化』　真野書店　昭和46年
岩田久二雄 『日本蜂類生態図鑑』　講談社　昭和57年
岩田久二雄 『昆虫を見つめて五十年』１〜４　朝日新聞社　昭和53年
上田恵介 『擬態—だましあいの進化論』１　築地書館　平成11年
神奈川昆虫談話会編 『神奈川昆虫誌』１〜３　神奈川昆虫談話会　平成16年
久保田政雄・今井弘民 ほか 『日本産アリ類全種図鑑』　学習研究社　平成15年
中根猛彦・青木淳一・石川良輔 『標準原色図鑑全集』２　保育社　昭和41年
西口親雄・伊藤正子 『森からの絵手紙』　八坂書房　平成10年
日本鞘翅目学会編 『日本産カミキリ大図鑑』　講談社　昭和59年
林 匡夫・木元新作・森本 桂 『原色日本甲虫図鑑』Ⅳ　保育社　昭和59年
林 長閑編・監修 『世界文化生物大図鑑 昆虫』１〜２　世界文化社　平成16年
日高敏隆監修、石井 実・常喜 豊・大谷 剛編 『日本動物大百科』8〜11　平凡社　平成9年
水波 誠 『昆虫—驚異の微小脳』〔中公新書〕　中央公論新社　平成18年
安松京三・朝比奈正二郎・石原 保 ほか 『原色昆虫大図鑑』１〜３　北隆館　昭和40年
山下善平 『里山の昆虫たち』　北海道大学図書刊行会　平成11年
山根正気・幾留秀一・寺山 守 『南西諸島産有剣ハチ・アリ類検索図説』　北海道大学図書刊行会　平成1年
W. Wickler・羽田節子訳 『擬態—自然も嘘をつく』　平凡社　平成5年
K. Takeuchi　*A generic classification of the Japanese Tenthredinidae*　1952

写真提供

日野幸冨
築地琢郎

著者紹介

石井　誠（いしい・まこと）

1929年 神奈川県横浜市生まれ

1956年 日本大学農学部（現・生物資源学部）卒業

現在　日本自然科学写真協会会員

　　　神奈川昆虫談話会会員

　　　横浜市旭区生涯学習センター学術部門指導員

著書

『昆虫採集 KIDS』小学館、1999年

虫の顔

2008年 4月 5日　初版第 1 刷発行

著　者　石井　誠

発行者　八坂立人

印刷・製本　モリモト印刷（株）

発行所　（株）八坂書房

〒101-0064　東京都千代田区猿楽町1-4-11
TEL. 03-3293-7975　FAX. 03-3293-7977
URL　http://www.yasakashobo.co.jp

ISBN978-4-89694-906-3